랄랄라 3
사이언스

전기 타임캡슐

조심해!
폭발할지도
몰라

와~
신난다!

잠깐만,
나도 해 볼래

보물 아냐?
쉿~
굉장한 일이
벌어질 것 같아

근사해!
타임캡슐인가 봐!
누가 숨겨
놓았을까?

루모스 맥시마! 윙가르디움 레비오우사! 마치 해리포터가 마법의 주문을 왼 것처럼, 콘센트에 전기 플러그를 꽂고 스위치를 올리면 전등과 TV가 켜지고 컴퓨터가 작동한다. 보이지 않게 움직이면서 온갖 전자제품을 작동시키는 이 신비로운 힘은 바로 전기다. 그러면 전기란 과연 무엇이며, 어떻게 발견되었을까?

우리가 살고 있는 자연계는 전기의 힘에 의해 유지되고 있지만, 줄다리기를 할 때 팽팽히 당겨지는 밧줄 사이에 아무런 힘이 작용하지 않는 것처럼 보이듯, 인류는 오래도록 전기를 발견하지 못했고 무엇인지도 몰랐다. 왜냐하면 우리 주변의 모든 물체에는 언제나 같은 양의 양전하와 음전하가 균형을 맞추고 있어 서로 영향을 미치더라도 쉽게 알아차리기 어렵기 때문이다.

고대 그리스 시대에는 호박이라는 보석을 고양이 털로 문지르면 호박이 깃털을 끌어당긴다는 사실을 알긴 했지만 전기 때문이라는 것은 알아차리지 못했다. 전기의 존재를 밝히려는 인류의 탐험이 본격적으로 시작된 것은 18세기에 이르러서였다. 이탈리아의 과학자 알레산드로 볼타가 숨어 있는 전기를 찾기까지, 과학자들은 수많은 시행착오를 겪을 수밖에 없었다. 수많은 개구리들이 전기 충격을 받았고, 번개가 치는 날 실험을 하던 과학자는 목숨을 잃기도 했다. 하지만 볼타전지가 발명되자, 전기는 100년도 안 되어 세상을 현란하게 변화시켰다.

그러나 전기가 짧은 시간에 세상을 놀랍게 변화시켰다는 것은 많이들 알고 있으나, 정작 전기가 무엇인지 물어보면 잘 모르겠다는 반응을 보인다. 이 책은 세상을 확 바꾸어 버린 전기를 제대로 이해했으면 좋겠다는 바람으로, 과연 전기를 어떻게 발견하고, 어떻게 저장하게 되었으며, 어떻게 꺼내 쓰게 됐는지를 차분히 들여다보고자 했다. 그리고 글의 이해를 돕기 위해 '타임캡슐'을 콘셉트로 정해, 전기를 둘러싼 역사적 자료들을 오늘날 타임캡슐에서 꺼내 보는 형식으로 구성해 보았다. 전기의 역사가 한가득 담겨 있는 타임캡슐이 매우 흥미롭고 훌륭한 길잡이가 되길 바란다.

랄랄라 사이언스 시리즈의 1, 2권인 『색, 마술쇼에 빠져 볼까?』 『색을 요리해 볼까?』가 나온 지 1년 반 만에 『전기 타임캡슐』을 선보이게 되었다. 랄랄라 사이언스 시리즈가 과학의 첫발을 내딛어 보려는 모든 독자 여러분에게 사랑 받는 과학시리즈로 자라나길 기대해 본다.

이응신 · 현종오

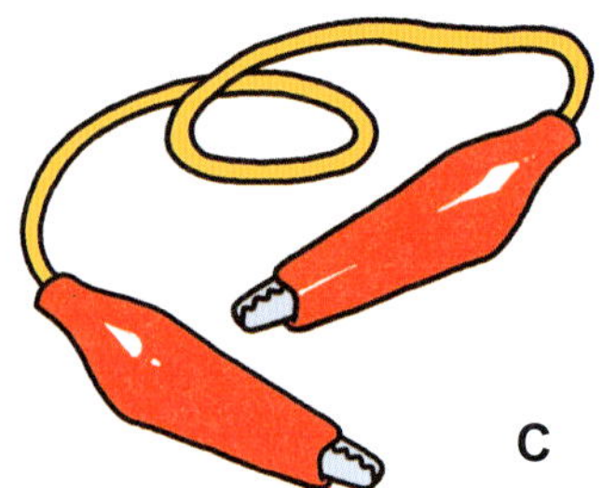

C O N T E N T S

01 전기를 발견하다

쿠르르릉 쾅~. 타임머신을 타고 천 년 전으로 돌아가면 어떤 일이 생길까? 닌텐도와 휴대폰, MP3 플레이어는 찾아볼 수 없고, 컴퓨터가 없으니 인터넷도 할 수 없다. 너무 갑갑하고, 너무 끔찍한가? 그러면 여러분은 이미 전기의 포로다. 우리의 생활을 완전히 지배하고 있는 전기! 사람들은 전기를 어떻게 발견하게 되었을까? 사람들이 마음대로 다루기 전까지, 전기는 사람들의 무한한 호기심을 불러일으키는 신비하면서도 보이지 않는 힘이었다.

1. 전기와 사람이 만났을 때

옷에 문지른 플라스틱 자를 머리에 갖다 대면 어떤 일이 생길까? 마치 플라스틱 자가 끌어당기는 듯 머리카락이 일어선다. 왜 이런 일이 생길까? 고대 그리스 사람들은 헝겊으로 호박을 문지르자 호박에서 끌어당기는 힘을 느끼고는 이 현상을 무척 궁금해했다. 문지르면 어떤 힘이 생기는데, 왜 그런지 알 수 없었기 때문이다. 그 비밀이 풀리기까지는 오랜 시간이 걸렸다.

정전기의 주유소 습격사건!

2006년 1월 25일 수요일

주유소의 승용차와 주유기가 습격당한 억울한 사건의 전말

운전자 모씨는 평상시와 다름 없이 승용차에 연료를 넣기 위해 주유소에 갔다. 주유원이 가져다 준 커피가 그날따라 맛이 없었을 뿐, 별 다를 게 없는 평범한 하루였다. 맛없는 커피를 마시며 사이드미러를 보고 있던 운전자 모씨는 잠시 후, 자신의 승용차에서 다급하게 뛰어내렸다. 커피가 맛이 없어서? 아니다. 그는 자신의 차량 주유구에 불이 붙은 것을 사이드미러로 보고 뛰어내린 것이었다. 다행히 모씨는 다치지 않았지만, 그가 매일 아침 세차를 하며 애지중지 아끼던 승용차는 완전소실, 그러니까 홀랑 다 타 버렸다. 수사관이 주유소에 도착했고, 불타 버린 승용차와 주유기 두 대를 면밀히 조사했다. 운전자 모씨는 화재가 나기 전 주유를 할 때 자동차 엔진을 꺼 놓은 상태였다. 담배를 핀 사람도 없었다. 수사관

은 조사 끝에 범인은 바로 '정전기'라고 말했다. 수사관은 주유소 종업원이 입고 있는 나일론 옷을 가리켰다. "나일론 옷에서 일어난 정전기가 불꽃을 일으켰고 화재가 일어난 것입니다." 주유소 사장은 종업원에게 나일론 유니폼을 입힌 것을 후회했다. 종업원은 그후로 땀 흡수가 잘되는 순면 유니폼을 입고 일하게 되었다. 한편 소방서 관계자는 "지난 2000년 이후 정전기 불꽃으로 주유소에서 일어난 차량 화재는 30건에 달한다"며 "주유 중 차량 화재를 예방하기 위해서는 반드시 차량의 시동을 꺼야 하며 종업원들도 나일론 종류의 옷을 피하고 면 종류의 옷을 입어야 한다"라고 설명했다.

전기가 찌릿찌릿

▲ 호박을 털가죽으로 문지르면 호박에 깃털이 끌려가는 신기한 현상이 일어난다.

정전기 때문에 주유소에서 기름을 넣던 승용차에 화재가 발생했다는 이 사건은 신문에 실렸던 실제 사건이다. 기사를 보면 다음과 같은 의문이 든다. 풍선을 문질러 머리 가까이 가져가면 마찰전기 때문에 머리카락이 끌려간다. 하지만 불꽃은 튀지 않는다. 그런데 왜 주유소에서는 불꽃이 튀어 불이 붙었을까? 우선 마찰전기라고 부르기도 하는 정전기에 대해서 알아보자.

마찰전기를 이야기할 때 빼놓을 수 없는 보석이 바로 호박이다. 옛날 그리스 사람들은 호박을 고양이 털로 문지르면 깃털이 끌려가는 신기한 현상이 일어난다고 기록했다. 호박은 송진과 같은 나무에서 흐르는 액체 성분이 굳어져서 열과 압력을 받아 돌처럼 딱딱해진 보석이다.

호박은 할아버지의 지팡이 끝이나 여성들의 목걸이를 장식할 때 쓰이지만, 영화 〈쥐라기 공원〉을 보면 호박에 들어 있는 모기에서 공룡의 피를 뽑아내 진짜 공룡을 만드는 장면이 나온다. 모기의 유전자를 이용하여 모기를 살려 낼 수도 있겠으나 쥐라기 공원의 과학자는 공룡을 만들어 낸다.

호박(amber)은 그리스어로 '일렉트론(electron)'이라고 부르는데, 어원으로 보아 당시 마찰전기는 호박을 문질러 나타나는 현상이었음을 짐작할 수 있다. 전자(electron), 전기(electricity), 전자공학(electronics) 등에 나오는 'electr…'로 시작하는 단어는 '빛나는 자'를 뜻하는 그리스어 '일렉터(elector)'라는 단어에서 유래했다. 라틴어의 '일렉트리쿠스(electricus)'라는 단어는 '호박을 문질러서 나오는 …'이라는 뜻을 지녔다. 즉 영어 단어의 전기(electricity)는 그리스어와 라틴어의 호박에서 유래한 것이다.

겨울의 불청객, 마찰전기

마찰전기가 반갑지 않은 계절은 역시 겨울이다. 겨울철에 머리를 빗으면 긴 머리카락이 빗에 달라붙는다. 치마를 입는 여학생들은 카펫 위나 복도를 걸어갈 때 다리에 옷이 달라 붙거나 문고리를 잡을 때 찌릿함을 느껴 깜짝 놀란 적이 있을 것이다. 이러니 마찰전기는 '겨울철의 불청객'이라 불릴 만하다. 여름철에는 거의 일어나지 않았던 일들이 왜 겨울에는 자주 생길까? 전등을 밝히는 전기는 털옷으로 플라스틱을 문지를 때 생기는 마찰전기와 같을까?

마찰전기는 공기 중의 상대습도가 30퍼센트 아래로 내려가는 건조한 날씨에 잘 발생하고 60퍼센트 이상일 때는 거의 생기지 않는다고 알려져 있다. 이런 현상을 어떻게 이해할 수 있을까? 그냥 신발을 신고 걸어갔을 뿐인데 불꽃이 튈 정도로 큰 전기가 생겼다고 하면 쉽게 이해하기 어렵다. 마찰전기가 생겼을 때 흔히 말하는 전압을 한번 살펴보자.

발생 방법	상대습도		
	10%	30%	50%
카펫 위를 걸어갈 때	35,000(V)	15,000(V)	7,500(V)
비닐 바닥을 걸어갈 때	12,000	5,000	300
의자에 앉아 일할 때	6,000	800	400
플라스틱을 다룰 때	7,000	1,500	750
비닐봉투로 일할 때	20,000	6,500	3,000
푹신한 의자에서 미끄러질 때	18,000	5,000	3,000

▲ 상대습도에 따라 달라지는 마찰전기에 의한 전압

풍선을 털가죽으로 문지른 후에 머리에 가까이 갖다 대면 머리카락이 끌려가는데 이때 풍선에는 적어도 수천 볼트의 전압이 발생한다. 집에서 사용하는 전기가 110~220볼트 정도의 전압인 것과 비교하면 엄청나게 높은 전압이다.

여름철 장마로 물에 잠긴 가로등 부근을 지나가던 사람들이 감전되어 죽거나 다친다는 소식이 들리곤 하는데, 그러면 수만 볼트가 되는 마찰전기는 위험하지 않을까? 마찰전기가 사람의 몸에 미치는 영향은 어느 정도일까? 또 집에서 사용하는 220볼트의 전류가 사람의 몸으로 흐르면 어떻게 될까? 통과된 전류의 크기가 5밀리암페어일 경우에는 약간 느끼는 정도에 그치지만, 전류의 크기가 15밀리암페어만 되더라도 강력한 경련을 일으킨다고 한다. 50~100밀리암페어일 경우에는 사망에 이른다.

그러나 정전기 때문에 우리 몸에 수만 볼트의 전압이 발생한다 하더라도 경련을 일으키거나 하지 않고 단지 방전할 때 찌릿하거나 따끔할 뿐이다.

▲ 전기에 대한 인체 반응

서로 끌어당기고 밀고

▲ 가죽으로 문지른 유리를 종이에 갖다 대면 종이가 달라 붙는다.

마찰전기는 서로 잡아당기거나 미는 성질을 지니고 있다. 평소에 아무런 반응이 없던 물체지만 문지르면 잡아당기거나 민다. 눈에 보이진 않지만 마찰을 시키면 밀거나 당기는 성질이 생기는 것이다.

물체의 겉모양이 변하지도 않는데 단순히 문질러서 성질이 바뀐다고 하면, 밀거나 당기는 성질의 전기가 물체의 표면에 머물러 있다가 서로 작용하면서 물체의 운동까지 바꾼다는 말과 같다. 물체의 표면을 바꾸지 않고 서로 당기거나 미는 어떤 성질이 왔다갔다 한다고 말할 수 있을까? 물체를 서로 문지르면 마찰전기가 발생한다. 마찰전기를 띠고 있는 물체의 당기거나 미는 성질을 정리하여 순서를 매겨 보면 아래와 같다.

아래는 서로 상대적인 관계에 의해 순서를 매긴 것이다. 예를 들어, 토끼털로 호박을 문지르면 토끼털은 (+)로 호박은 (−)로 되지만, 스티로폼으로 호박을 문지르면 호박은 (+)로 스티로폼은 (−) 성질을 갖는다. 같은 물질끼리 문질러도 각각 다른 성질의 전기를 띠는 경우도 있다. 이 순서는 미리 정해진 것이 아니고 순전히 실험을 여러 번 해서 차례로 늘어놓은 결과다.

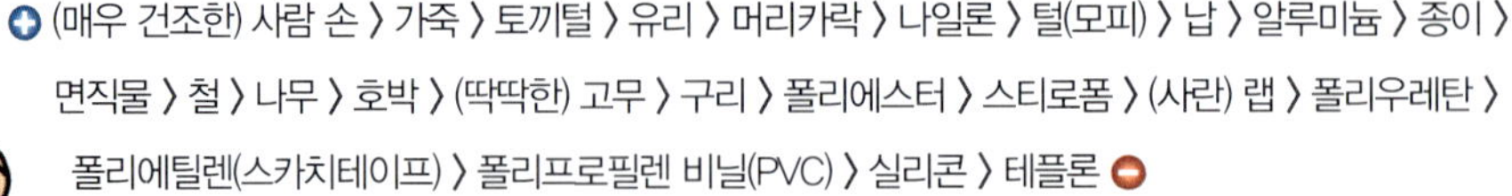

⊕ (매우 건조한) 사람 손 〉 가죽 〉 토끼털 〉 유리 〉 머리카락 〉 나일론 〉 털(모피) 〉 납 〉 알루미늄 〉 종이 〉 면직물 〉 철 〉 나무 〉 호박 〉 (딱딱한) 고무 〉 구리 〉 폴리에스터 〉 스티로폼 〉 (사란) 랩 〉 폴리우레탄 〉 폴리에틸렌(스카치테이프) 〉 폴리프로필렌 비닐(PVC) 〉 실리콘 〉 테플론 ⊖

정전기는 언제 생길까?

정전기의 발생은 상대습도와 상관이 있다. 상대습도가 60퍼센트가 넘는 여름철에는 정전기가 공기 중으로 흡수되어 발생하지 않지만 상대습도가 10~30퍼센트 정도가 되는 겨울철에는 합성섬유나 합성물질이 서로 부딪치면서 정전기가 발생하고, 도

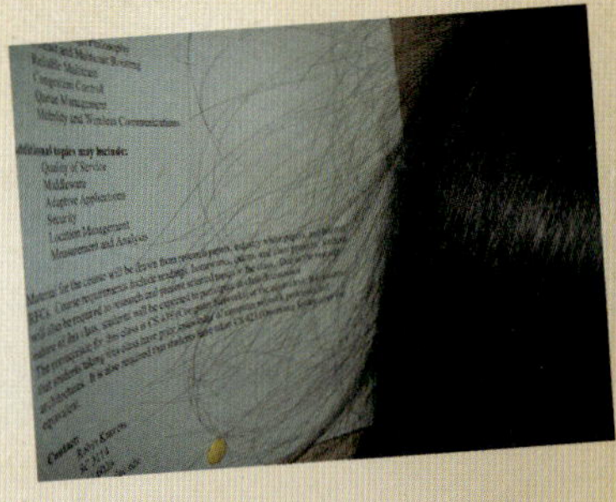

체를 만나면 방전되면서 사람에게 충격을 준다. 합성물질로 만들어진 신발을 신고 카펫 위를 걸을 때 3만 볼트 이상의 전압을 가진 정전기가 생긴다. 옛날 대포에 화약을 붓는 사람들은 맨발로 작업을 했으며, 오늘날의 유조선에서 작업을 하는 사람들은 합성물질로 만든 일반적인 신발이 아니라 정전기를 방지하는 특수 신발을 신는다. 이런 것은 모두 신발과 바닥 사이의 마찰로 인해 발생한 정전기가 쇠를 만났을 때 방전하면서 불꽃이 튀어 불이 날 수도 있기 때문이다.

정전기 발생은 사람마다 다르다

정전기를 느끼는 정도는 사람마다 다르다. 피부가 건조한 사람에게 훨씬 더 정전기가 발생할 가능성이 높다. 정전기는 피부에도 영향을 주기 때문에 피부염이나 아토피성 질환이 있는 사람은 정전기가 생기지 않도록 주의해야 한다. 반면, 땀이 많이 나는 사람은 정전기가 발생할 가능성이 낮다. 또 남자보다는 여자들이 정전기에 더 예민하다고 알려져 있다. 남자들은 보통 4,000볼트가 넘을 때 비로소 정전기를 느낄 수 있지만 여자들은 2,500볼트에도 정전기를 느낀다고 한다. 그러나 개인 차이가 심하기 때문에 정전기가 발생하거나 느끼는 정도는 사람마다 다르다.

2. 정전기는 불균형을 좋아한다

마찰전기가 한 곳에 모여 있으면 정전기가 생긴다. 모여 있는 마찰전기인 정전기는 호시탐탐 기회를 엿보다가 문고리를 잡을 때 한꺼번에 탈출을 감행한다. 하늘에서 불빛이 번쩍하는 번개도 대표적인 정전기 현상이다.

원자를 알아야 전기가 보인다

자연계를 구성하는 물질은 원자로 이루어져 있는데 지금까지 알려진 원자는 불과 110종 남짓하다. 자연적으로 존재하는 92종의 원자 이외에 십여 종의 원자가 인공적으로 만들어졌다. 원소 주기율표를 공부할 때는 110여 종이 많게 느껴지겠지만 우주의 모든 물체를 구성하는 원자들이 110여 종 정도라면 많지 않게 여겨질 것이다. 아무리 복잡하거나 다양한 모양을 가지고 있는 물질이라도 이들 110여 종의 원자나 몇 개의 원자가 결합한 분자들의 조합으로 이루어져 있다. 마찰전기가 발생하는 합성물질은 고분자화합물이라고 해서 자연계에 존재하는 물질과 다르지만 역시 110여 종의 원자들을 조합한 인공물질이다.

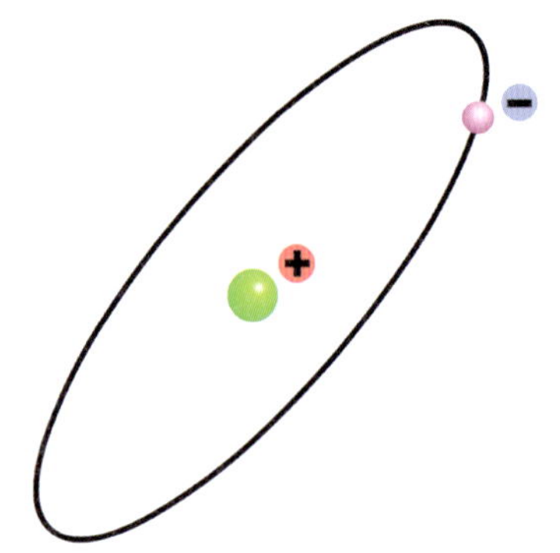

▲ 보통의 수소 원자는 1개의 양성자와 1개의 전자를 지닌다.

우주에 있는 어떤 물질이라도 조합 방식이나 구조를 알 수는 없어도 분리해 본다면 110여 종의 원자들로 이루어져 있음이 틀림없다. 지금까지 발견한 원자들을 성질에 따라 분류를 하면 하나의 배치표가 만들어진다. 이 표를 '원소 주기율표'라고 한다.

그러면 왜 110여 종의 원자만 존재할까? 하나의 원자는 (+)의 전하를 띠고 있는 양성자와 양성자를 잡아주는 중성자로 이루어진 원자핵, 그리고 (−)전하를 띠고 있는 전자로 이루어져 있다.

원자를 구성하는 핵심 입자는 양성자인데 양성자의 개수가 원자의 성질을 결정한다. 원자끼리 결합하는 가능성은 전자들의 개수와 분포에 달려 있다. 양성자들이 계속 몸집을 불려 가는 과정에서 결합하는 방식이 일정하게 국한되어 있기 때문에, 110여 종의 원자만 존재할 수 있다. 또 각 양성자의 수에 따른 전자들이 핵 바깥에 위치하며 서로 다른 원자들과 결합하는 가능성도 몇 개밖에 없다. 결국 복잡한 물질을 이루기 위해서는 결합하는 원자나 분자들의 수를 증가시켜 결합하는 방식을 다양화해야 한다.

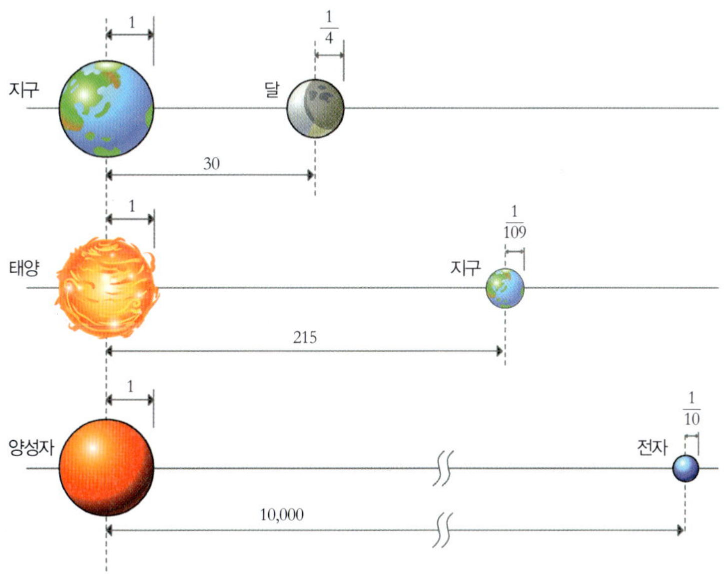

▲ 지구와 달, 태양과 지구, 양성자와 전자의 상대적인 크기와 궤도. (상대적인 크기는 과장되게 표현했으며, 양성자와 전자의 크기는 현재 알려진 값으로 계산했다.)

전자는 움직이기 쉽다

원자는 원자핵과 주위를 돌고 있는 전자로 이루어져 있으며, 원자핵은 양성자와 중성자로 뭉쳐져 있다. 양성자는 (+)전하를 띠고 있으며 전기 값이라고 말하는 전하량은 $e = 1.60 \times 10^{-19} C$(쿨롱)이다. 전자는 양성자와 전하량은 똑같고 부호만 반대다. 모든 전하량은 이 값의 정수배로만 존재한다. 전자나 양성자가 이 값 외에는 다른 전하량을 가지지 않는 이유는 아직까지 잘 알려지지 않았다.

가장 가벼운 원자는 주기율표에서 처음으로 나오는 수소로 양성자 한 개와 전자 한 개로 이루어진 원자다. 수소는 양성자가 하나인 원자이고, 중수소는 양성자가 하나이지만 중성자가 하나 더 있고, 삼중수소는 중성자가 2개 더 있다. 이런 수소 원자들은 양성자의 전하인 (+)전하 1개와 전자의 전하인 (−)전하가 1개이기 때문에 전기적으로 정확하게 중성이다. 양성자와 전자를 입자라고 생각할 때 양성자 한 개의 질량은 전자 한 개의 대략 1800배 정도 더 무겁다. 따라서 양성자보다는 전자가 움직이기 쉽다.

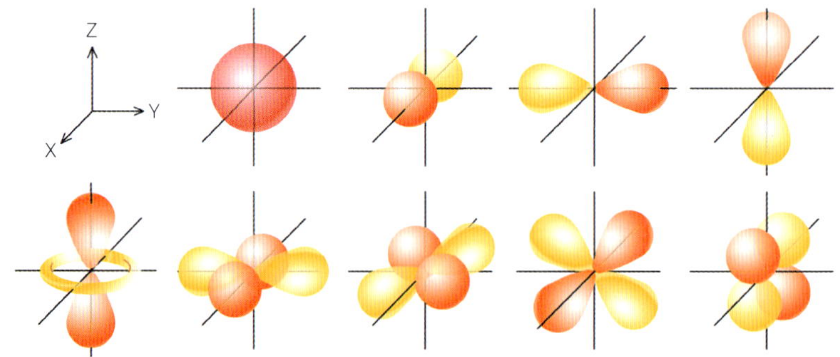

▲ 현재 알려진 수소 원자의 전자 분포. 전자가 양성자 주위를 회전한다고 가정하나 정확한 위치는 알 수 없고 확률 분포만 알 수 있다. 전자의 에너지에 따라 s궤도(위의 첫 번째), p궤도(위의 오른쪽 3가지), d궤도(아래의 5가지) 등으로 분류한다.

중력과 전기력을 비교해 보면?

정월대보름에 쥐불놀이를 할 때 깡통에 불을 담아 빙빙 돌리기 위해서는 깡통이 날아가지 않을 정도로 끈으로 묶은 다음 힘을 주어 잡아당겨야 한다. 원자에서도 전자가 원자핵 주위를 돌면서 달아나려고 하지만 원자핵과 전자 사이에 잡아당기는 전기력에 의해 모양을 유지한다. 원자핵이나 전자가 모두 질량을 가지고 있는 입자이지만 질량을 가진 물체끼리 잡아당기는 만유인력보다 전기적인 성질에 의해 (+)전하와 (−)전하가 당기는 힘이 월등히 크다. 수소 원자에서 양성자와 전자가 당기는 만유인력과 전기력은 얼마나 차이가 있을까?

양성자의 질량 : 1.67×10^{-27} (kg) 양성자의 전하 : $+1.60 \times 10^{-19}$ (C)

전자의 질량 : 9.11×10^{-31} (kg) 전자의 전하 : -1.60×10^{-19} (C)

만유인력 : $Fm = 3.63 \times 10^{-47}$ (N) 전기력 : $Fe = 8.22 \times 10^{-8}$ (N)

$$Fe/Fm = 2.27 \times 10^{39} \text{ (배)}$$

수소 원자에서 전자와 양성자 사이에 작용하는 전기력은 같은 거리에서 작용하는 만유인력보다 무려 10^{39} 배나 강하다. 이런 차이가 얼마나 되는가 계산해 보자. 사과 한 개에 작용하는 지구의 중력은 사과 하나가 대략 100그램이라고 한다면 1뉴턴(N)이다. 승용차 한 대에 작용하는 중력은 대략 10,000뉴턴으로 사과에 작용하는 무게의 10^4배 정도다. 따라서 10^{39}배는 어느 정도인가 짐작할 수 없을 정도로 강하게 작용하므로 원자나 분자 수준에서는 전기력만 작용하는 세계라고 할 수 있다. 머리카락이나 풍선과 같은 물질에는 원자나 분자가 $10^{26} \sim 10^{28}$ 개 정도 들어 있는데, 전자는 눈에 보이지 않지만 전자들의 움직임에 따라 우리 눈에 보이는 힘인 중력을 이겨내는 전기력으로 나타난다. 따라서 빗에 먼지가 달라붙거나 머리카락이 끌려가는 현상이 눈에 보이는 것이다.

전자를 잃거나 얻어야 해

모든 원자는 (+)전하와 (-)전하의 개수가 같아 중성이지만, 전기적인 성질이 나타나려면 전하의 개수가 불균형을 이루어야 한다. 따라서 원자 수준에서는 움직이기 힘든 양성자보다는 가벼운 전자가 원자에서 떨어져 나가거나 바깥에서 들어와 전기적인 성질이 나타난다. 이처럼 원자 수준에서 전하가 불균형을 이루는 입자를 이온이라고 한다.

전자를 잃거나 얻는 정도는 원자마다 다르고 분자나 합성물질과 같은 고분자 물질에서도 물질에 따라 다르다.

물질의 표면은 여러 개의 원자나 분자들이 결합하고 있는 바깥쪽이므로 간단한 원자모형으로 설명하기 어려운 복잡한 형태를 이루고 있다. 마찰전기가 발생하기 쉬운 물질들은 복잡한 고분자화합물이거나 인공으로 합성한 물질이므로 열과 압력을 주면 전자가 결합구조에서 쉽게 떨어져 나오거나 달라붙는다. 앞에서 말했듯이 전기 현상이 나타나기 위해서는 중성인 원자핵으로부터 전자가 떨어져 나오거나 전자를 받아들여야 한다.

▲ 리튬 원자 모형. 자연계에서 대부분 3개의 양성자, 4개의 중성자, 3개의 전자로 이루어져 있고, 일부(3.75퍼센트 정도)는 3개의 중성자를 가진다.

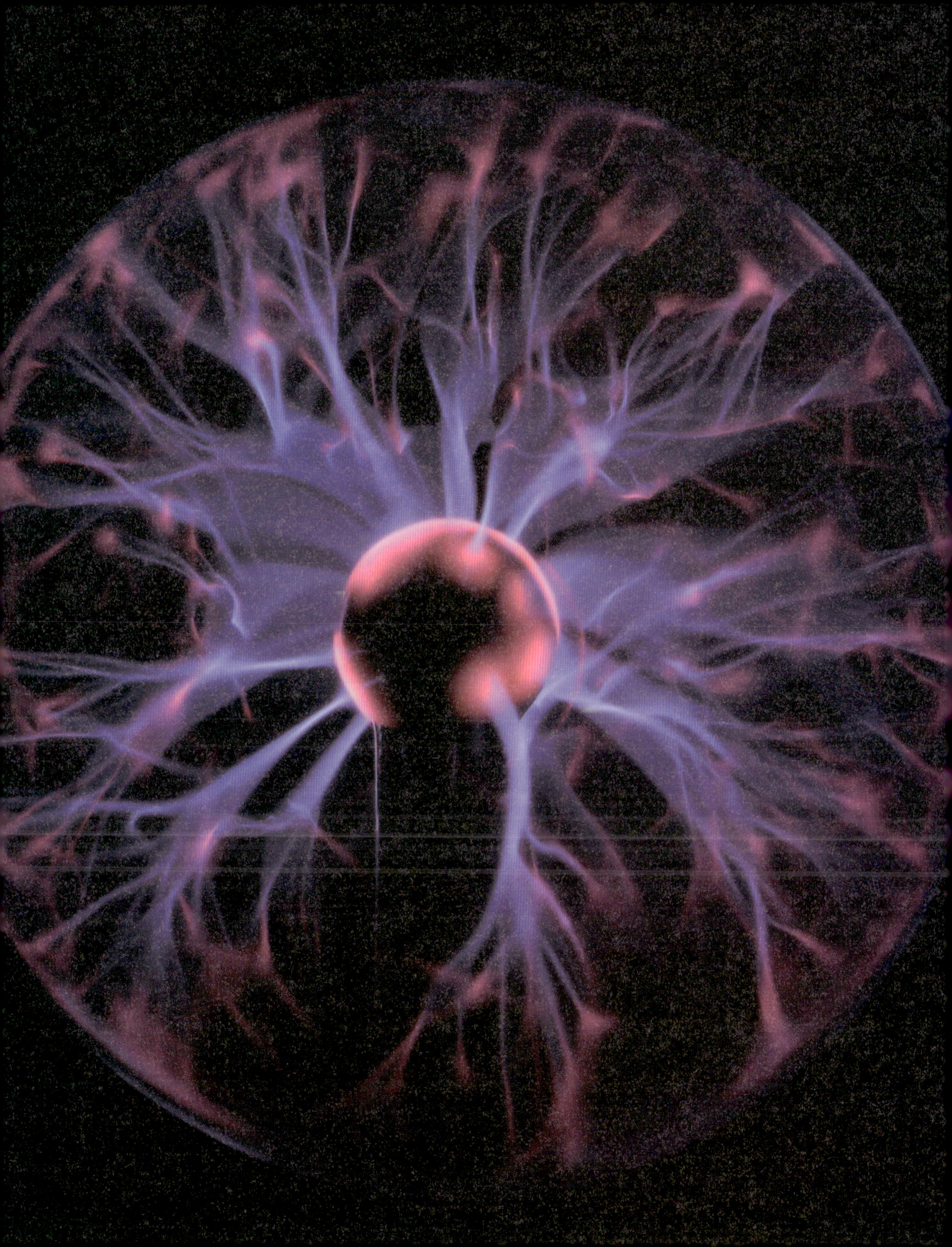

움직이는 전자들

전자는 어떻게 움직이는 걸까? 그림을 보면 털가죽으로 PVC 막대를 문지르면 마찰로 인해 털가죽은 전자를 잃어 (+)전하를 띠고 PVC 막대 쪽은 전자를 받아 (−)전하를 띤다.

PVC 막대를 털가죽으로 문지를 때 털가죽 표면에 있는 원자의 전자들이 열이나 압력을 받아 털가죽으로부터 떨어져 나와 PVC 막대로 옮겨간 것이다. 그래서 (−)전하를 잃은 털가죽은 결국 (+)전하로 대전되고 PVC 막대는 전자를 얻어 (−)전하로 대전된다. 마찰전기의 대전서열에 따라 (+), (−)으로 대전되는 현상은 이와 같은 전자의 이동으로 이해할 수 있다.

털가죽으로 PVC 막대를 문지르면 PVC 막대는 (−)으로 대전된다. 이 막대를 물이 졸졸 흐르는 수돗물 가까이 가져가면 어떻게 될까? 그러면 물은 PVC 막대로 휘어지며 떨어진다. 그러면 유리 막대를 털가죽으로 문지르면 어떻게 될까? 유리 막대는 PVC 막대와 달리 (+)으로 대전된다. 하지만 대전된 유리 막대를 수돗물에 가까이 가져가면 PVC 막대와 마찬가지로 끌려온다. 왜 그럴까?

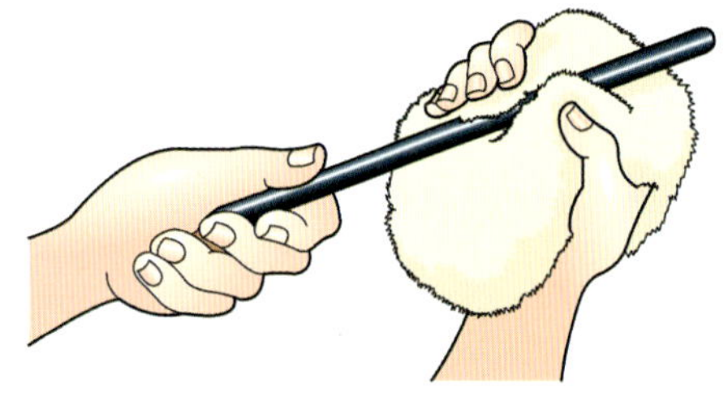

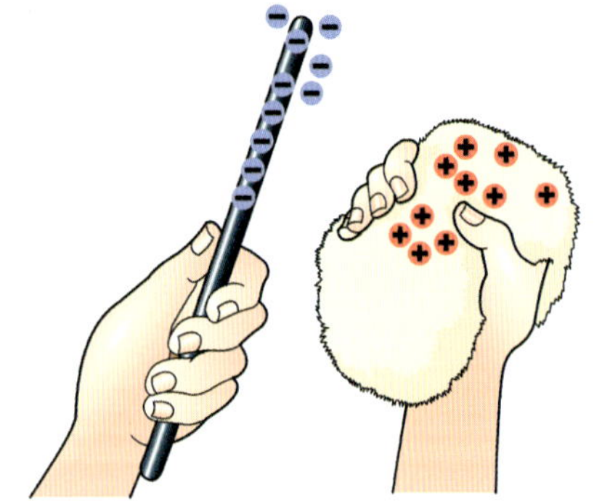

▲ 털가죽으로 PVC 막대를 문지르면 털가죽의 전자들이 PVC 막대로 이동하여 털가죽은 (+) 전하로, PVC 막대는 (−) 전하로 대전된다.

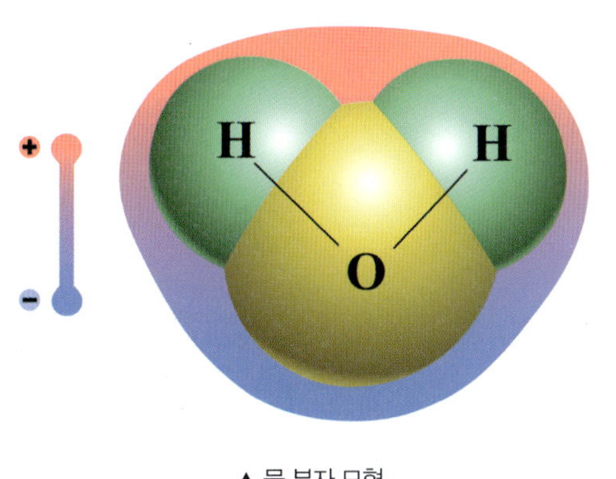

▲ 물 분자 모형

이를 이해하기 위해선 물 분자(H_2O) 속 산소 원자의 전자가 어떻게 분포하는지 알 필요가 있다. 산소 원자의 전자에는 수소와 결합하는 방향의 전자와 결합하지 않고 남아 있는 부분의 전자가 있다. 수소와 결합하지 않는 쪽의 전자들은 (−)전하의 성질이 강하게 나오고 수소 원자의 전자는 대부분 산소 원자 쪽으로 쏠려 있기 때문에 양성자가 자주 노출되어 (+)전하를 띤다. 따라서 물분자 전체의 전하는 중성이지만 한쪽은 (−)전하, 다른 쪽은 (+)전하로 대전되어 있는 한 쌍의 전기 아령처럼 행동한다. (−)로 대전된 PVC 막대를 가까이 가져가면 (+)쪽이 끌려오고, (+)로 대전된 유리 막대를 가까이 가져가면 (−)쪽이 끌려오므로 어떤 대전체를 가져가도 항상 끌려온다.

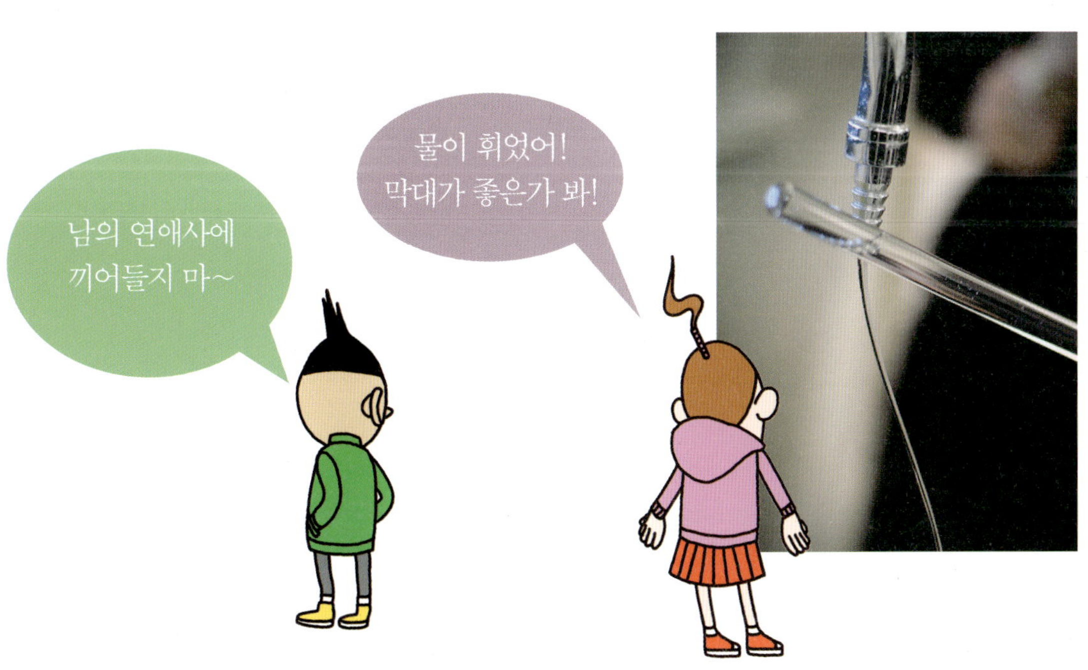

번개가 치는 이유는

여름철 소나기 구름으로부터 땅으로 내리치는 벼락의 정체는 무엇일까? 정전기나 마찰전기로부터 나타나는 현상이 전하의 불균형이나 전하의 이동으로 나타난다는 것을 알면 번개나 벼락이 치는 현상까지 이해할 수 있다.

주유소에 불꽃이 튀어 불이 난 경우나 문고리를 잡았을 때 정전기 때문에 불꽃이 튀는 현상은 모두 전하의 '방전' 때문이다. 방전이란 전하를 띠고 있는 대전체가 점차 전하를 잃거나 전하가 절연체를 통해 이동하는 현상을 말한다. 구름 사이나 구름과 땅 사이에 전하가 모여 있다가 어느 한계를 넘어서서 전하가 이동할 때 생기는 번개는 자연계에서 일어나는 방전 현상이다. 건전지가 점차 성능이 떨어지거나 충전이 되어 있던 축전기에서 전하들이 방출되어 점차 사라지는 현상도 방전이라고 한다. 절연체인 공기 중에서 양쪽에 모이는 전하가 가만히 있다가 전압이 올라가서 어느 수준을 넘어서면 불꽃이 튀면서 전하가 이동하는 현상도 방전이라고 한다. 그러나 금속과 같이 전하의 이동이 자유로운 도체 안에서 전하가 이동하는 것을 방전이라고 하지 않는다.

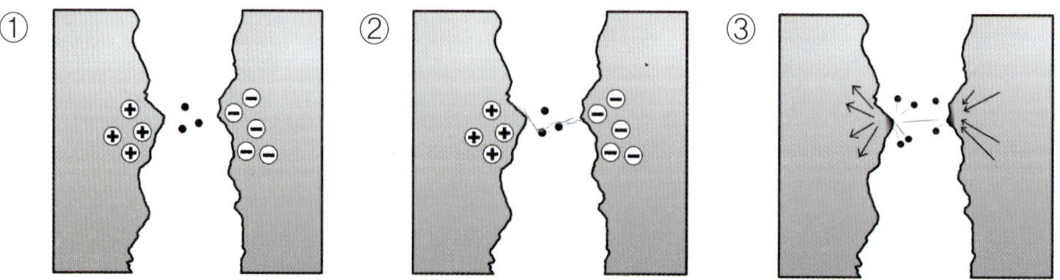

▲ 전하를 띠고 있는 대전체가 전하를 잃거나 절연체를 통해 이동하는 현상을 방전이라고 한다.

▲ 번개는 자연계에서 일어나는 방전 현상이다.

3. 전기가 통하였느냐?

전자가 원자핵 주위를 빙빙 돌고 있는 이유는 원자핵의 인력이 작용하기 때문이다. 물체에 따라 어떤 전자는 잘 이동하지 않고 어떤 전자는 이곳저곳을 쉽게 넘나든다. 이렇게 자유롭게 이동하는 자유전자가 많을수록 전기가 잘 통한다.

출렁이는 전자의 바다

전류가 흐를 수 있는 물질을 도체, 흐를 수 없는 물질을 부도체 또는 절연체라고 한다. 그러나 정확한 의미는 전하의 이동이 가능한 자유전자가 존재하느냐 그렇지 않느냐로 도체와 절연체를 구분한다. 전하가 이동하기 위해서는 이동이 가능한 전자가 존재해야 하는데 보통 금속결합을 하는 물질에는 자유전자가 존재한다. 액체에서 전하의 흐름은 이온 때문에 가능하다. 그래서 전하의 흐름을 좌우하는 이온의 존재가 중요하다. 고체와 달리 액체는 전하가 통하는 전해질과 그렇지 않은 비전해질로 구분한다.

금속결합을 하면 가장 바깥에 있는 전자를 원자핵이 내놓으면서 (+)전하를 띤 이온으로 바뀌

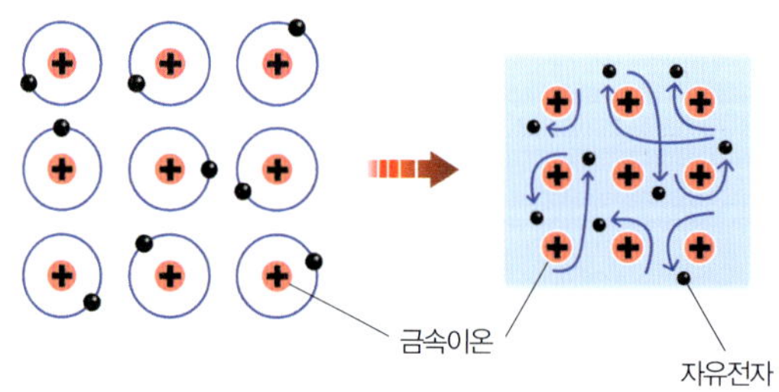

▲ 금속결합의 고전적인 모형과 자유전자

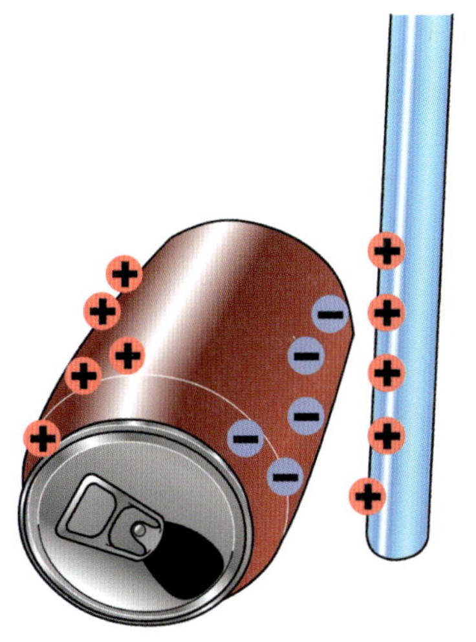

▲ 도체의 정전유도를 알아보는 유리 막대 실험

고, 전자들은 원자핵에서 떨어져 나와 이온 사이를 쉽게 움직일 수 있게 된다. 금속 이온은 무겁기 때문에 제자리에서 흔들거리고 전자들은 이온 사이를 채우면서 흐르기 쉬운 상태가 된다. 그래서 흡사 섬 사이로 바닷물이 출렁거리는 모습과 비슷하다고 해서 '전자의 바다'라고 말한다. 금속결합을 하면 바깥에서 전하들이 다가올 때 전자들이 쉽게 이동한다.

알루미늄 캔은 전기가 잘 통하는 도체다. 그렇기 때문에 (+)전하로 대전된 유리 막대가 가까이 다가오면 알루미늄 캔 도체 내부에서 자유스럽게 움직일 수 있는 전자가 유리 막대 부근으로 이동해서 (반대 부호의 전하끼리 작용하는 인력 때문에) (−)전하를 띤다. 알루미늄 캔을 구성하고 있는 원자핵은 상대적으로 무겁기 때문에 같은 부호인 유리 막대에 대전된 (+)전하에 의해 밀려가지 않는다. 대신 캔의 반대편 쪽에는 전자가 유리 막대 부근으로 이동하여 전자가 부족한 상태가 되어 (+)전하로 된다. 이런 현상을 도체의 '정전유도'라고 한다. 이는 부도체가 유전분극으로 인해 전하를 띠고 있는 현상과 비슷하지만 만들어지는 과정은 완전히 다르다. 유리 막대의 (+)전하와 유리 막대와 가까운 부근의 알루미늄 캔에 유도된 전자는 다른 부호의 전하이기 때문에 서로 잡아당기는 인력이 발생하여 알루미늄 캔은 유리 막대 쪽으로 굴러 온다.

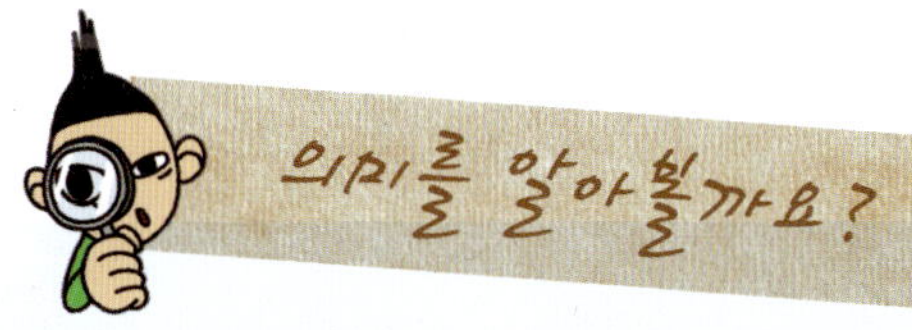

* 유전체(誘電體; dielectric substance) : 전기를 유도할 수 있는 물질이라는 뜻으로 전기가 통하지는 않지만 대전체가 가까이 왔을 때 흡사 전하를 띠고 있는 물질처럼 행동한다.
* 분극(分極; polarization) : 평소에는 전하가 분리되지 않아 전기적으로 중성이지만 바깥에서 대전체가 다가오면 (+)와 (−)전하로 갈라지는 현상이다.

불꽃이 튀는 정전유도

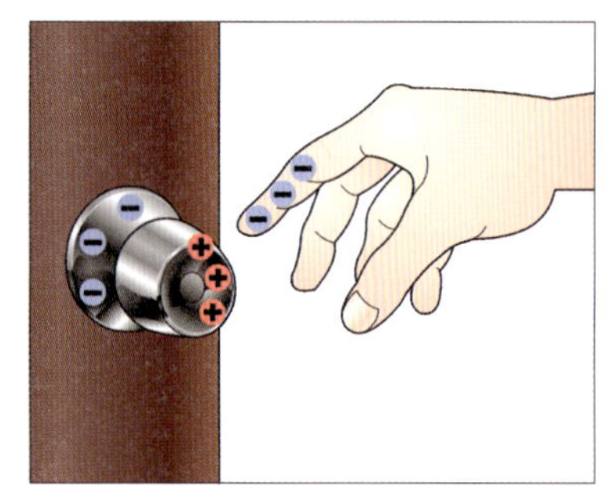

정전유도란 무엇일까? 대표적으로 겨울철 건조한 날씨에 합성수지로 만든 바닥 위로 걸어가다가 문고리를 잡았을 때 찌릿하는 느낌과 함께 불꽃이 튀는 현상을 정전유도로 설명할 수 있다. 사람의 몸은 마찰전기 때문에 (+)전하나 (-)전하로 대전된다. 사람의 몸이 대전되면 보통 2만 볼트 이상이 된다. 이렇게 높은 전압으로 대전되었다가 문고리에 가까이 가면 문고리가 금속이기 때문에 정전유도로 손가락과 가까운 부분에 반대 전하가 모인다. 손가락이 음으로 대전되었다면 손가락과 가까운 곳에 있는 전자는 같은 전하끼리 미는 힘 때문에 먼 쪽으로 밀려가고 손가락 부근에는 전자가 부족하여 양으로 대전된다.

손가락이 좀 더 가까이 문고리에 접근하면 반대 전하끼리 잡아당기는 힘이 강해져서 손가락 끝에 있던 (-)전하가 손가락을 벗어나 문고리로 흘러간다. 이때 전자가 이동하면서 절연체인 공기 중에 있던 산소나 질소 분자와 부딪치면서 빛과 소리를 낸다. 이런 것이 따닥하면서 불꽃이 튀는 현상이다. 그리고 순간적으로 전자가 이동하면서 손가락에 있는 신경세포를 강하게 자극하기 때문에 사람들은 깜짝 놀라게 된다. 만약 사람의 몸이 양으로 대전된다면 문고리에서 손가락과 가까운 곳에는 정전유도로 반대 전하인 전자가 모였다가 더 가까이 접근하면 전자가 문고리에서 튀어나오면서 손가락으로 옮겨간다.

털가죽으로 풍선을 문지르면 풍선은 (−)전하로 대전된다. 대전된 풍선을 가까이 가져오면 머리카락이 풍선으로 끌려간다. 머리카락은 전자가 이동할 수 없는 부도체이기 때문에 대전체가 가까이 다가오면 유전분극이 일어나서 대전체의 반대 전하가 가까이 만들어져 인력에 의해 풍선으로 끌려간다. 풍선을 멀리 가져가면 머리카락은 원래 상태로 되돌아온다.

만약 머리카락이 전기가 잘 통하는 금속과 같은 도체라면 어떻게 될까? 겨울철 발생하는 정전기에 의해 영향을 덜 받을까? 털가죽으로 문지른 풍선을 '도체 머리카락'에 가까이 가져가면 어떻게 될까? 아마 금속으로 된 문고리에 손가락을 댈 때 불꽃이 튀듯이 머리카락에도 불꽃이 튀지 않을까?

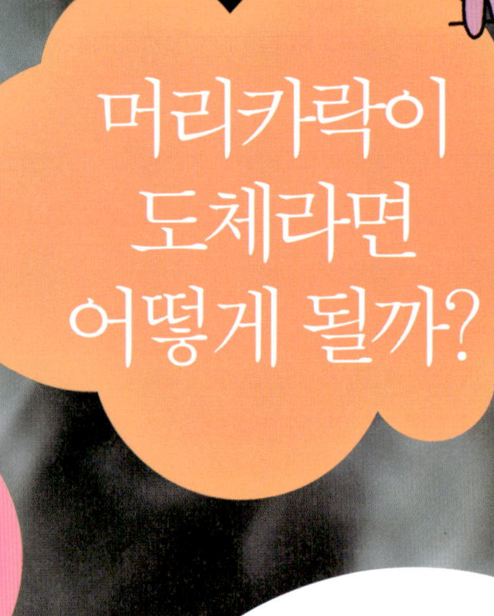

머리카락이
도체라면
어떻게 될까?

말도 안 돼

끔찍한 일이
생길 거야

서로의 반대쪽으로

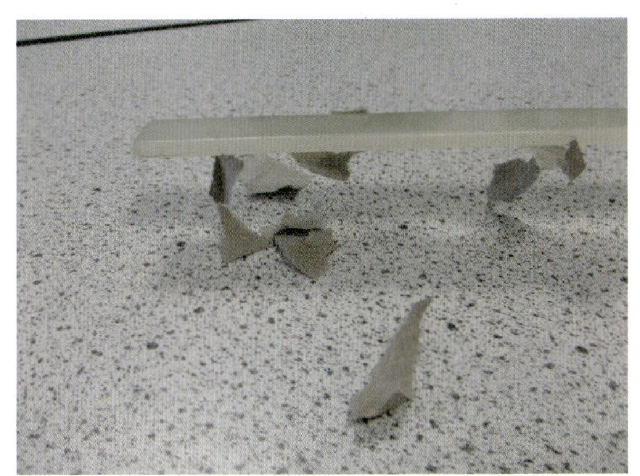

▲ 부도체인 종잇조각에 대전시킨 플라스틱을 갖다 대면 종잇조각이 끌려온다.

전기가 통하지 않는 부도체의 전자는 원자핵에 묶여 다른 곳으로 이동할 수 없다. 외부에서 (+)를 띠는 대전체가 가까이 올 때 반대 극성인 전자는 대전체 쪽으로 쏠린다. 원자핵은 (+)전하를 가지고 있고 전자는 (-)전하를 가지고 있으므로 결국 원자는 (+)전하와 (-)전하가 갈라져서 두 개의 전하를 동시에 가지고 있는 아령처럼 행동한다. 이런 현상을 유전분극이라고 한다. 바깥에 있는 대전체나 전기장이 사라지면 원래 상태로 돌아간다. 이런 현상은 고분자와 같은 합성물질에 많이 나타난다. 부도체는 이런 분자들이 많이 있으므로 대전체가 가까이 다가올 때 분자들끼리 모두 같은 행동을 하므로 가까이 있는 (+)전하와 (-)전하는 서로 효력이 없어지고 바깥 표면 부근에 있는 전하만 남아 있는 듯하게 행동한다. 반대 전하끼리는 서로 잡아당기므로 부도체는 (-)로 대전된 물체에 끌린다.

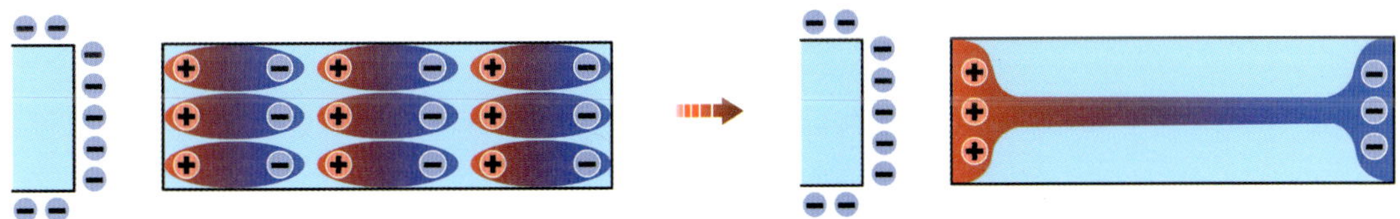

▲ 부도체에서 유전분극과 정전기 유도

보이지 않는 힘이 있다!

보이지 않는 무엇인가가 움직여서 사물을 끌어당기고 밀쳐 낸다는 것은 얼마나 놀라운 사실인가! 타임 머신을 타고 과거로 돌아가 옛사람들에게 '전기'를 설명하는 장면을 상상해 보자. 전기로 전자기기들이 작동하고 움직인다는 얘기를 믿을 사람이 과연 얼마나 될까? 사실 우리 주변에서도 어떻게 전기가 TV 를 켜고, 라디오를 작동시키고, 세탁기를 돌리는지 그 원리를 설명할 수 있는 이를 찾기란 쉽지 않다. 모두들 전기를 궁금해 하면서도 잘 설명하지 못하는 이유 가운데 하나는 그것이 보이지 않기 때문이다. 인류 역사상 보이지 않는 힘이 있다는 생각은 매우 값진 아이디어 가운데 하나였다.

탈레스

최초로 전기 현상을 발견한 사람은 누구일까? 기원전 600년경의 그리스 철학자 탈레스는 모피로 호박을 문지르면 보이지 않는 힘이 생긴다는 것을 발견했다고 한다. 탈레스는 만물의 근원은 '물'이라고 주장한 그리스 최초의 철학자로 밀레토스학파의 시조이다.

깃털을 끌어당기는 호박

그리스 철학자 탈레스는 원리를 규명하지 않았지만, 모피를 문지른 호박에 보이지 않는 힘이 존재한다는 것을 믿었다. 호박은 평소에는 별다른 면모를 보이지 않다가, 모피만 문지르면 돌변해 깃털과 작은 물체들을 마법같이 끌어당겼던 것이다!

끌어당기기와 밀어내기

전하는 (+)전하와 (−)전하, 두 가지가 있고 보통 (+)전하와 (−)전하가 균형을 이뤄 중성을 띤다. 그러나 어떤 물질들은 서로 문지르면 전자가 한 물체에서 다른 물체로 이동하여 전자가 떠난 물체는 (+)전하를 띤다. 다른 전하로 대전된 두 물체는 서로 끌어당기고, 같은 전하로 대전된 두 물체는 서로 밀쳐낸다.

전하의 일시적 불균형, 정전기

(−)전하와 (+)전하로 대전된 두 물체를 가까이 놓으면 불꽃을 일으키며 정전기가 사라진다. 즉 정전기는 전하의 일시적 불균형 때문에 생긴다.

정전기

하늘이 번쩍하며 땅으로 내리치는 벼락을 비롯해, 문고리를 잡을 때 따끔한 느낌을 받거나 겨울철 스웨터를 벗을 때 따닥거리는 소리가 나는 현상은 모두 정전기 때문이다.

02 전기를 만들다

1 전기, 내 손으로 만든다 / **2** 이번엔 더 세게 만드는 거야

어느 날 발견된 전기 타임캡슐 속에는 어마어마한 전기 자료들이 한가득 담겨 있었다. 그 속에 담겨 있는 자그마한 종이 쪼가리에도 전기의 역사가 숨쉬는 듯했다. 전기를 다룬 신문들을 보면 옛날 과학자들이 어떻게 실험했는지 알 수 있었다. 이렇게 신나는 타임캡슐이 있다니! 보아하니, 전기를 발견하기까지는 쉽지 않았나 보다. 눈으로 볼 수도, 손으로 만질 수도 없는 것이니 더욱 그렇지 않았을까.

1. 전기, 내 손으로 만든다

지금은 어디를 가나 손쉽게 전기를 얻을 수 있지만, 처음 유황구와 손의 마찰을 통해 전기를 얻을 때는 손바닥이 닳을 정도였다. 전기의 위험성이 잘 알려지지도 않아서, 마찰전기의 방전을 이용해 전기 키스를 즐기는가 하면, 치통 환자에게 전기 충격 요법을 사용하기도 했다.

용기 있는 자가 마찰전기를

호박을 고양이 털로 문지르다가 마찰전기를 발견한 것에서 호기심이 머물렀다면 인류는 여전히 전기를 잘 이용하지 못했을 것이다. 번개가 무서워 동굴 속에서 떨던 인류는 어느새 전기에 대해서 적극적인 관심을 가지게 되었다. 전기 현상을 발견한 이후에 사람들이 전기를 만들어 내기까지는 꽤 시간이 걸렸다. 어떻게 전기를 만들어 낼 생각을 하게 되었을까?

우선 길버트 씨를 불러서 알아내 보자. 전기를 본격적으로 취급하기 시작한 사람이니 말이다. 영국인 윌리엄 길버트(William Gilbert, 1544~1603), 그의 직업은 의사였는데 환자들을 치료하기보다 자석과 전기를 연구하는 걸 더 좋아했던 것 같다. 길버트는 물체를 끌어당기는 성질이 있는 자석과 철, 마찰전기와 작은 물체 간의 구분을 명확히 하고, 자석은 일정한 방향을 가지고 있는 반면에 전기는 그렇지 않다는 사실을 알았다.

또 한 명을 소개한다면 독일의 오토 폰 게리케(Otto von Guericke, 1602~1686)다. 그는 마그데부르크 시의 시장이면서 과학자였다. 마그데부르크 시는 게리케 덕분에 '마그데부르크의 반구 실험'으로 과학 역사에 남는 도시가 되었다.

▲ 마그데부르크의 반구 실험

▲ 오토 폰 게리케

▲ 정전기 발생장치를 만든 게리케

마그데부르크의 시장인 게리케는 1657년 두 개의 반구를 합치고 가운데에 있는 공기를 펌프를 이용해서 빼냈다. 그 다음 양쪽에 각각 네 마리의 말이 반구를 잡아당겼으나 떼어 내지 못했다. 나중에 구멍을 열어 공기를 넣자 쉽게 떨어졌다. 그는 이 실험으로 대기압이 얼마나 강하게 작용하는가를 알 수 있었다.

반구 실험으로 스타가 된 게리케는 여기에서 멈추지 않았다. 그는 시장이었지만 꽤 검소했던 사람이었던 것 같다. 호박 같은 비싼 보석을 문질러서 마찰전기를 만드는 대신 기계를 이용하면 전기 현상을 뚜렷이 볼 수 있을 것이라고 생각했으니 말이다.

최초의 발전기

1663년 게리케는 유황을 압축해서 만든 구를 손으로 돌려 마찰전기를 일으켜 보았다. 한 사람이 쇠로 만든 손잡이를 돌리고 다른 사람은 유황으로 만들어진 구를 건조한 손으로 감싸고 있으면 구가 돌아가면서 손과 마찰이 일어나 전기가 만들어졌다. 말하자면 게리케는 인류 최초로 정전기에 의한 '발전기'를 만든 사람이라고 할 수 있다.

게리케의 실험이 알려지면서 세계적으로 전기를 발생시켜 실험을 하려는 시도가 유행처럼 번지기 시작했다. 이제 전기는 소수의 몇 사람만이 관심을 가지는 대상이 아니었다.

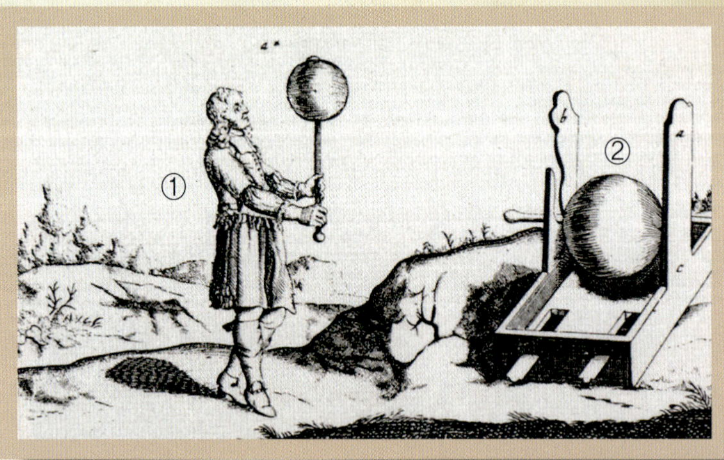

▲ 게리케의 마찰전기. ① 유황구가 금속 막대에 꽂혀 있다. ② 금속 막대를 나무 받침대의 홈에 끼우고 한 사람이 손잡이를 돌릴 때 다른 사람이 손으로 유황구를 가볍게 감싸면 손바닥과 유황구의 마찰 때문에 마찰전기가 발생한다.

필요는 발명의 어머니

필요는 발명의 어머니라는 말이 있다. 사람이 손잡이를 계속 돌리자니 이 장치는 귀찮고 힘들었다. 그래서 마찰전기 발생장치는 벨트와 휠을 사용하여 바퀴를 돌리듯이 빠르게 구를 돌리면서 손바닥을 회전하는 유황구의 표면에 접촉시켜 마찰전기가 생기게 하는 기계로 발전하였다.

바퀴를 크게 만들어 한 사람은 돌리고 다른 사람은 유황구에 손을 접촉시켜 마찰전기가 만들어지면 어떤 경우는 손과 유황구 사이에 방전이 일어나 번쩍이는 현상까지도 일어났다. 이런 마찰전기 현상은 여러 사람들에게 자랑스럽게 보여주기에 딱 알맞았다.

1672년 게리케는 최초로 전기 방전을 관찰하였다. 이렇게 바쁜 게리케가 시장 업무를 제대로 했는지는 알 수가 없다. 그는 나중에 같은 종류의 전기를 띤 물체끼리는 미는 힘이 생긴다는 사실도 알아냈다.

▲ 마찰전기를 얻는 장치. 유황구의 회전축을 나무 지지대에 고정하고 벨트로 큰 바퀴와 연결한 다음 한 손으로 바퀴를 돌리면서 다른 손바닥을 유황구에 대면 많은 양의 마찰전기가 발생한다.

빛을 내는 유리구

자연에도 진공이 존재할 수 있다는 사실을 증명한 에반젤리스타 토리첼리(Evangelista Torricelli, 1608~1647)는 한쪽이 막혀 있는 긴 유리관에 수은을 넣고 대기에서 거꾸로 세우면 위쪽에 진공이 생기고 유리관을 문지를 때 이 부분에서 약한 빛이 생기는 것을 관찰하였다. 1705년 프랜시스 헉스비(Francis Hauksbee, 1666~1713)는 게리케와 마찬가지로 진공펌프를 개발하면서 마찰전기를 일으키는 장치를 만들었다. 헉스비는 토리첼리의 관찰을 기억해 내고는 유황구 대신 수은을 넣은 유리구를 사용하였다. 그는 속이 빈 유리구에 진공펌프로 공기를 빼내고 수은을 약간 넣어 마찰전기를 일으켰다. 그리고 유리구가 회전할 때 손으로 접촉을 시

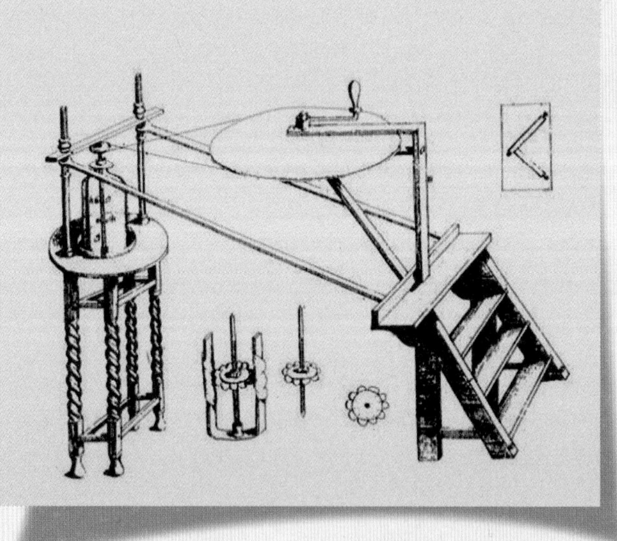

▲ 헉스비의 마찰전기 발생장치. 오른편의 큰 바퀴와 왼편의 유리병을 벨트로 연결하고 바퀴의 손잡이를 돌리면 진공 상태의 유리병이 회전한다. 손을 유리병에 접촉시키면 마찰전기가 발생하여 유리병 속에 든 수은이 번쩍인다.

켜 마찰전기를 일으키면 유리구 속에서는 방전이 일어나면서 푸르스름하게 밝아지는 현상을 관찰했다. 헉스비가 이 빛을 이용해서 편지를 읽었다는 이야기가 있다. 이것은 오늘날 형광등이나 네온등처럼 방전을 이용해서 빛을 내는 전등의 시초라고 할 수 있다. 이제 서서히 전기를 이용한 기기가 물리학자와 시장님의 과학 실험실에서 벗어나 가정집 안방으로 모여들 준비를 하게 된 것이다.

◀ 헉스비는 게리케의 유황구 대신 속이 빈 유리구를 사용하고 속에다 수은을 넣었다. 바퀴를 돌리면서 손으로 유리구를 감싸 마찰전기를 일으키면 속에서 방전이 일어난다.

짜릿한 전기 키스

18세기에 전기는 과학자들의 실험실에서만 머무르지 않았다. 공공 장소에서 마찰전기를 시연하는 것은 물론 사람들이 전기 충격을 즐김에 따라 살롱과 같은 사교모임 장소에서 전기 충격으로 '짜릿한 키스'를 즐기기도 했다. 1745년 프랑스의 장 앙투안 놀레(Jean Antoine Nollet, 1700~1770) 신부는 라이덴병에 모아둔 전기로 새나 어항 속의 물고기를 죽일 수도 있음을 보여 주었지만 전기 키스를 즐기는 사람들은 누구도 전기의 위험성을 알지 못했다.

과학자들과 치과의사들은 정전기가 방전할 때 사람들이 충격을 받는 현상을 치료에 이용하려고 하였다. 치통이 있는 환자에게 전기 충격을 주어 고통을 덜 수 있지 않을까 생각했던 것이다.

▲ 1750년대는 치통이 있는 환자를 치료할 때 전기 충격을 이용하기도 했다.

▲ 살롱에서의 전기 키스 : 절연이 된 판을 밟고 서 있는 여자의 몸에 마찰전기가 쌓인 후 다른 남자와 서로 얼굴을 가까이 가져가면 전기 방전이 강하게 일어나며 접근했던 피부가 얼얼해진다. 마찰전기를 발생시키는 방법이 알려진 후 살롱 같은 사교클럽 모임장소에서 종종 시도되었다.

공중에 매달린 전기 소년

영국의 물리학자이자 전자기학 연구의 선구자 스티븐 그레이(Stephen Gray, 1666~1736)가 궁금하게 생각한 것은 전기가 얼마나 멀리 떨어져 있는 다른 물체까지 전달될까였다. 그는 1729년부터 궁금증을 풀기 위해 실험을 했는데, 황태자로부터 실험을 승낙받아 강연도 하고 옆 건물로 얼마나 전달될 수 있는지도 실험했었다.

그레이는 유리관을 문질러 마찰전기를 일으키고 쇠줄로 접촉을 시키면 300미터 정도까지 전기가 전달되는 현상을 발견하였다. 이 실험은 단순히 그레이의 호기심을 풀어준 것에 그치지 않았다. 이는 오늘날 전깃줄을 이용하여 멀리까지 신호를 보내는 전보의 시초라고 볼 수 있다. 그레이는 여러 실험을 통해 쇠나 사람의 피부, 축축한 물체 등 전기가 잘 전달되는

▲ 유리 막대를 문질러 마찰전기를 일으킨 다음 전기 소년의 발에 대면 멀리 손을 통해 가벼운 물체가 끌려 올라온다.

물체를 전도체(conductor)라고 명명했으며, 명주실이나 건조한 물체와 같이 전기가 전달되지 않는 물체를 부도체(nonconductor, insulator)라고 명명하였다.

그레이는 소년을 공중에 매달고 대전시킨 유리 막대를 다리에 대면 소년의 손을 통해 전기가 전달되어 가벼운 물체를 끌어당기는 실험도 하였다.

쇠줄을 명주실로 묶어 매달면 수백 미터까지 마찰전기가 전달되고 쇠줄이 도중에 땅과 닿으면 더 이상 전기가 전달되지 않는다는 현상을 발견하였다. 그레이 이후에 만들어진 마찰전기 발생장치들은 쇠줄이나 삼줄을 이용하여 훨씬 더 멀리까지 전기를 전달하려고 시도했고, 더 빨리 유리구를 회전시킬 수 있는 장치를 고안한 것들이었다.

▲ 그레이의 전기 전달 실험 : 쇠줄을 공중에 매달아 다른 끝에서 마찰전기를 주면 수백 미터 떨어진 곳까지 전기의 '힘'이나 '흐름'이 전달된다.

이 분이
놀레 신부구나
이건
놀레 신부가
만든 실험 기구!
놀레 신부는
깜짝 놀랄 만한
정전기 실험을
많이 했어요

유리와 가죽이 만나다

1740년대의 마찰전기 발생장치들은 게리케나 혁스비의 장치들을 바퀴나 벨트를 이용하여 유리구를 빠르게 회전시키면서 더 많은 양의 마찰전기를 발생시키도록 개량한 것들이었다. 또 그레이가 발견한 전도체의 성질을 이용하여 마찰전기를 만드는 곳과 실험을 하는 곳을 분리할 수도 있었다.

유리구가 회전할 때 손을 대면 많은 양의 마찰전기가 발생하고 부도체인 명주실로 도체인 쇠줄을 공중에 매달아 다른 곳에서 전기실험을 할 수 있었던 것이다.

이때 건조한 손으로 회전하는 유리구에 접촉을 하는 것 이외에 가죽으로 된 물체를 접촉시켜도 마찰전기가 만들어지는 현상이 발견되었다. 이후에 만들어지는 마찰전기 발생장치들은 대부분 회전하는 유리가 가죽을 문지르는 구조로 바뀌었다.

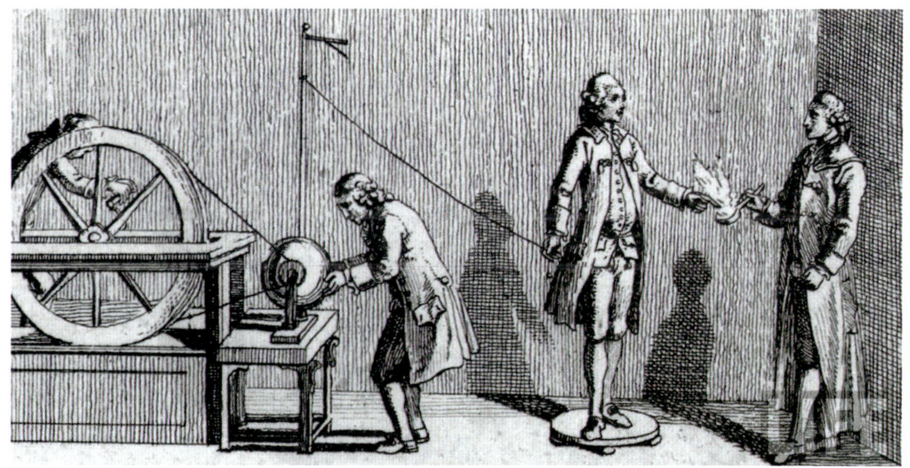

▲ 놀레 신부가 개량한 마찰전기 발생장치 : 바퀴를 크게 만들어 한 사람이 돌리고, 벨트로 연결된 유리구가 빠르게 회전할 때 다른 사람이 손바닥을 접촉시키면 많은 양의 마찰전기가 발생한다. 유리구에 닿을 정도로 금속 막대를 가까이 가져간 다음 철사로 연결하면 멀리 떨어진 곳에서 철사를 쥐고 있는 사람이 여러 가지 전기 실험을 할 수 있었다.

유리판으로 마찰전기를

램즈던, 새로운 방식의 마찰전기 발생장치 발명

초기엔 마찰전기를 만드는 장치가 구조적으로 거의 비슷했다. 1766년 제시 램즈던(Jesse Ramsden, 1735~1800)이 만든 장치는 이러한 장치들에서 탈피하였는데 그는 유리구가 아니라 유리판을 직접 회전시키며 유리판에 가죽이 닿도록 하여 마찰전기를 발생시키고 한쪽에는 도체인 황동을 접근시켜 정전유도가 일어나도록 하는 장치를 만들었다. 유리판을 회전시키면서 황동 끝에 접지를 시킨 쇠줄을 가까이 가져가면 불꽃이 생기는 현상이 일어났다. 이 장치는 알레산드로 볼타가 화학전지를 만들기 전까지 전 세계에서 가장 광범위하게 사용되었다.

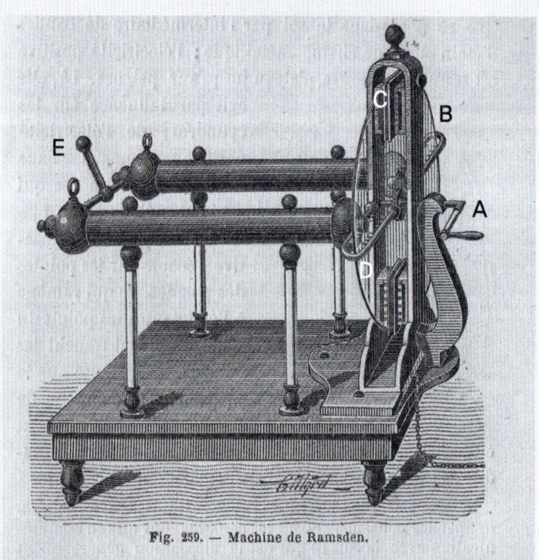

Fig. 259. — Machine de Ramsden.

◀ 램즈던의 마찰전기 발생장치. 손잡이(A)를 돌리면 유리 원판(B)이 회전한다. 가죽 패드(C)와 유리 원판의 마찰에 의해 마찰전기가 발생하고, 가는 침(D)을 통해 황동으로 전하가 유도된다. 끝(E)에 라이덴 병을 접촉시키면 전하를 저장할 수 있다.

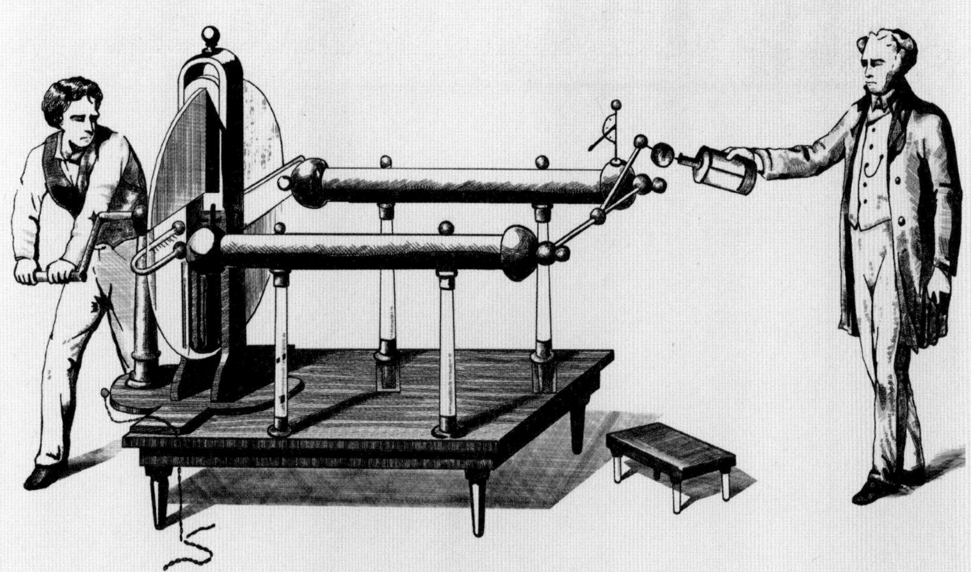

▲ 램즈던의 마찰전기 발생장치. 오른쪽 끝에 라이덴병을 가져가면 전기를 저장할 수 있다.

지난 시절
마찰전기 발생장치

◀ 1746년 윌리엄 왓슨(William Watson, 1715∼1787)이 만든 마찰전기 발생장치 : 여러 개의 유리구를 동시에 회전시키고 사람의 손 대신에 가죽을 접촉시켜 마찰전기가 발생되도록 하였다. 도체는 칼(아래)이나 총신(위)을 이용하였고 중간을 명주실로 매달았다.

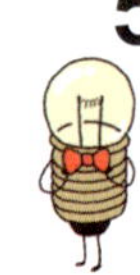

2. 이번엔 더 세게 만드는 거야

전기를 발견하긴 했는데, 이것을 유용하게 사용하려면 전기의 힘이 더욱더 강해야 했다. 찌릿찌릿 전기 충격만을 주는 전기는 사실 별 소용이 없었다. 때문에 정전유도를 이용해 전하를 계속 발생시키는 장치는 그야말로 사람들의 마음을 사로잡을 수밖에 없었다.

놀라운 전기쟁반

마찰전기를 만드는 장치들은 아무리 개량을 해도 발생시키는 전기의 세기에 한계가 있었다. 마찰전기의 발생은 습도와 관계가 있을 뿐만 아니라 아무리 마찰을 시켜도 전기가 더 만들어지지 않는 포화 상태가 있기 때문이다. 라이덴병을 이용해도 더 이상의 전하가 발생하지 않으면 더 많은 전하를 저장할 수 없었다. 요즘의 전자 제품들을 보자. 새로운 기능이 추가되어 신제품이 출시되어도 거기서 거기일 때가 많다. 새로운 형식의 제품이 발명되어야 진정한 혁신이라고 말할 수 있다. 마찰전기를 만드는 장치도 기존의 문제를 해결하기 위해서는 전하를 계속 만들어 모아 주는 장치가 필요했다. 그 혁신을 일으키며 스타로 등극하는 행운은 알레산드로 볼타(Alessandro Volta, 1745~1827)가 움켜잡았다. 그는 1775년 전기쟁반(electrophorus)으로 전하를 따로 분리시키는 데 성공함으로써 정전유도를 이용하여 전하를 계속 발생시켜 주는 장치를 만들어 냈다. 전기쟁반은 미확인 비행 물체를 비행접시라고 부르는 것만큼이나 식기류를 이용한 멋진 용어다. 우리는 과학의 부엌에서만 전기쟁반이라는 식기를 볼 수 있다. 볼타는 대전된 물체에 도체를 가까이 가져가면 전하가 분리되어 대전된 물체와 가까운 곳에는 반대전하가 모이고 먼 쪽에는 같은 전하가 모이며, 이 상태에서 접지를 시키면 도체가 하나의 전하로 대전된다는 사실을 알아냈다.

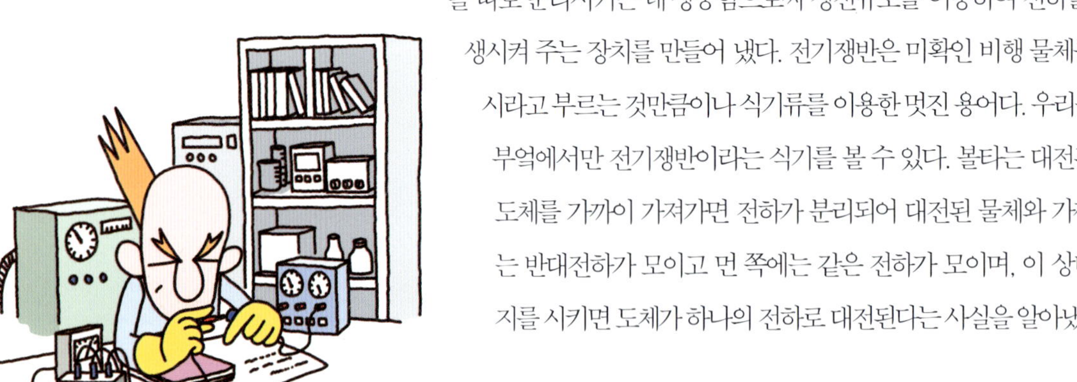

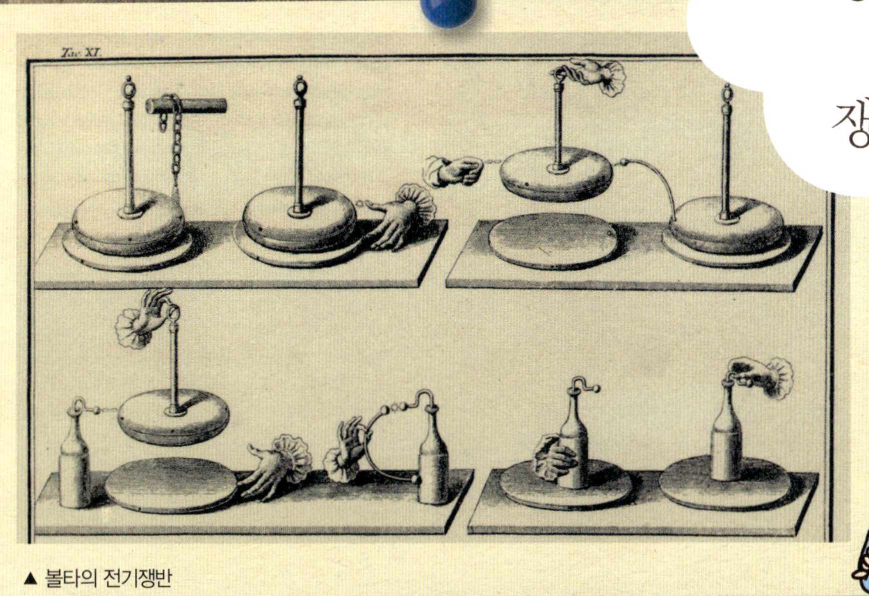

▲ 볼타의 전기쟁반

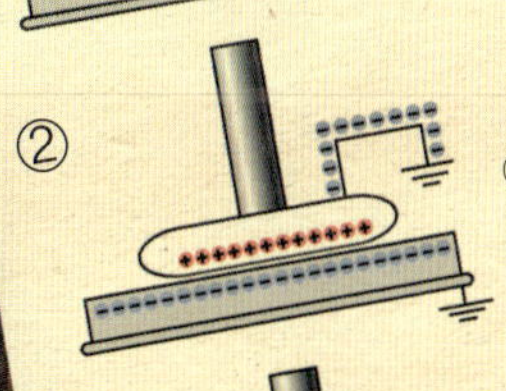

① 대전체 위에 도체를 가져오면 가까운 곳에는 반대 전하가 먼 쪽은 같은 전하로 분리된다.

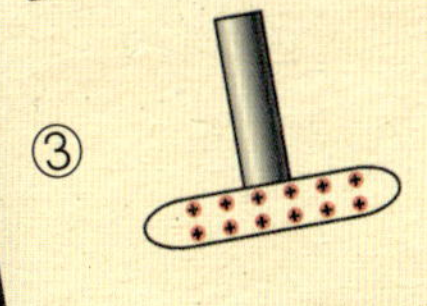

② 대전체에 가까이 있는 도체를 접지시키면 (−)전하는 땅으로 빠져나간다.

③ 도체를 대전체로부터 멀리 떨어뜨리면 도체는 (−)으로 대전된 상태로 유지된다. 이 전하는 마찰전기로 만든 전하가 아니라 순전히 정전유도를 이용해서 분리시킨 전하다.

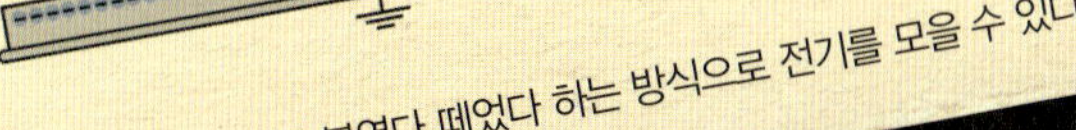

▲ 대전체에 도체를 붙였다 떼었다 하는 방식으로 전기를 모을 수 있다.

베넷의 발명품

▲ 베넷의 더블러

최초의 정전유도발생기는 1787년 에이브러햄 베넷(Abraham Bennet, 1749~1799)이 볼타의 전기쟁반의 원리를 이용해서 만든 장치로, '더블러(doubler: 배수기)'라고 불린다. 초기 전하를 주고 접지하는 상태를 바꾸면서 여러 번 정전유도를 반복하면 전하가 계속 두 배로 늘어난다.

원리를 알아볼까요?

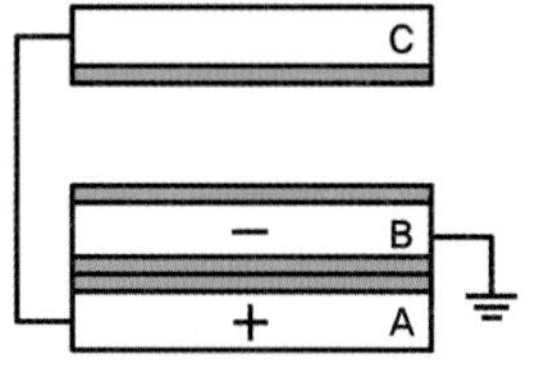

왼쪽 그림에서는 A와 C가 연결되어 있다. 가운데 B에 손가락을 대고 접지를 시키고 라이덴병으로 A에다 (+)전하를 준다. 접지한 B에 반대 전하인 (−)전하가 유도된다.

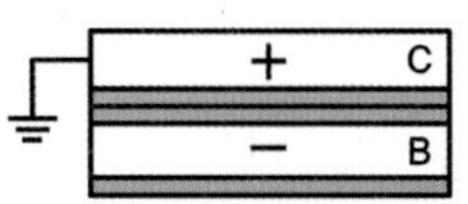

(−)전하가 모인 B를 A에서 멀리하고 C로 가까이 가져간다. C에 손가락을 대어 접지시키면 B의 (−)전하 때문에 C의 (−)전하가 접지한 곳으로 밀려 가고 (+)전하로 정전유도가 된다.

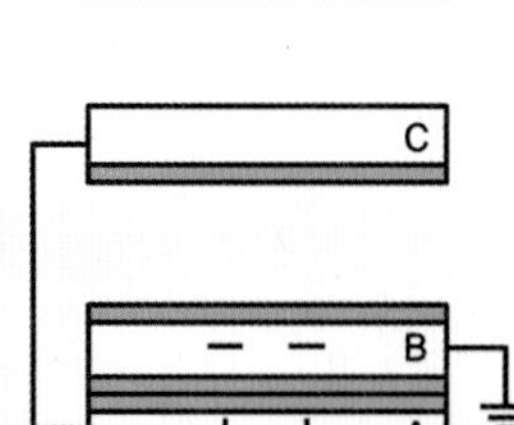

A와 C를 연결하고(접촉시키고) B를 접지시킨 다음 A쪽으로 가까이 가져오면 C에 있던 (+)전하가 B의 전하 때문에 A로 이동해온다. B에는 같은 양의 반대전하인 (−)전하로 정전유도된다. C와 A를 분리시키면 A에는 두 배의 전하가 모인다.

니콜슨의 발명품

▲ 니콜슨의 정전유도발생기

베넷의 더블러는 일일이 손으로 왔다갔다 하면서 전하를 계속 두 배로 만들기 때문에 불편하다. 1788년 윌리엄 니콜슨(Wiliam Nicholson, 1753~1815)은 회전 장치를 만들어 옆으로 180도 돌면서 접촉하게 했다. 이 장치는 마찰을 하지도 않고 땅과 접지를 하지 않아도 한 번 회전할 때마다 전하가 두 배가 되는, 회전에 의한 최초의 정전유도발생기였다.

원리를 알아볼까요?

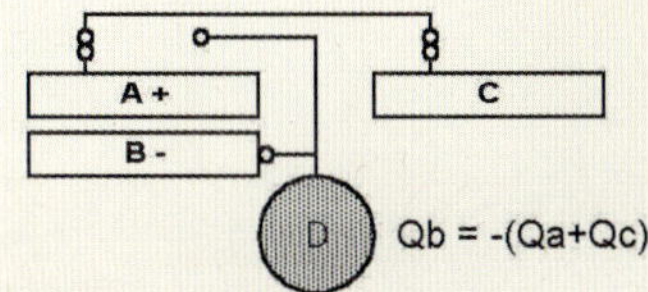

처음 위치에서 A에 (+)전하가 모인 만큼 B에 반대전하인 (−)전하가 유도된다.

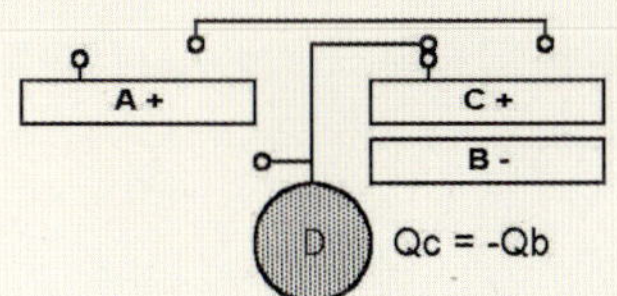

180도 회전하여 B가 C아래로 가면 B는 도체구인 D와 떨어져 있으므로 (−)전하가 있고 C가 도체구와 접촉이 되어 정전유도에 의해 (+)전하가 모인다.

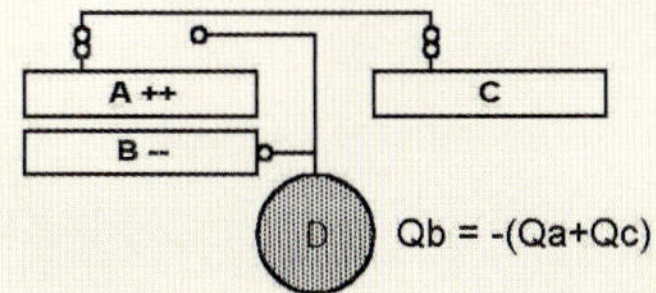

다시 180도 돌아가서 B가 A 밑으로 가면 C와 A가 서로 연결되어 B에 정전유도가 일어나서 C에 있던 (+)전하가 A로 옮겨가서 A는 전하가 두 배가 된다.

유리 두 장의 마찰

이후에 만들어진 정전유도발생기는 한쪽에만 계속 전하가 증가하는 것을 넘어 양쪽에서 모두 증가할 수 있는 장치들이 등장했다.

이때까지 개발되었던 정전유도발생기들은 처음에 전하를 주어야 회전을 하면서 계속 전하가 증가하는 구조였으나, 1866년부터 고안되었던 장치들은 처음에는 마찰전기로 전하를 주고 여기서 만들어지는 전하를 모아서 계속 증가시키는 구조를 지니고 있었다.

정전유도발생기를 통해 계속 높은 전압을 내는 장치들이 만들어졌으나 오늘날까지 많은 곳에서 사용하는 장치는 1883년 영국의 제임스 윔즈허스트(James Wimshurst, 1832~1903)가 만든 고압정전유도발생기다.

▲ 고압정전유도장치에서 만들어진 정전기가 방전하면 번개와 같은 불꽃이 일어난다.

최고의 마찰전기 장치!

마찰전기 어워드를 개최해서 넘버원을 뽑는다면 어느 장치가 상을 탈까? 단연코 반데그라프 발전기가 수상할 것이다. 1920년 미국의 MIT 대학의 교수인 반 데 그라프(Van de Graaff, 1901~1967)가 종전의 마찰전기 발생장치를 개량해서 만든 발전기다. 반데그라프 발전기는 고무 벨트를 전동기로 돌리면서 전하를 모으는 장치로 수만 볼트에서 수십만 볼트의 전압을 만들어 낼 수 있다. 오늘날에도 사람들에게 정전기의 효과를 보여주는 시범 실험이나 입자 가속기 실험실에서 사용하고 있다. 크기가 큰 반데그라프 발전기는 수백만 볼트까지 낼 수 있다.

▶ 반데그라프 마찰전기 발생장치

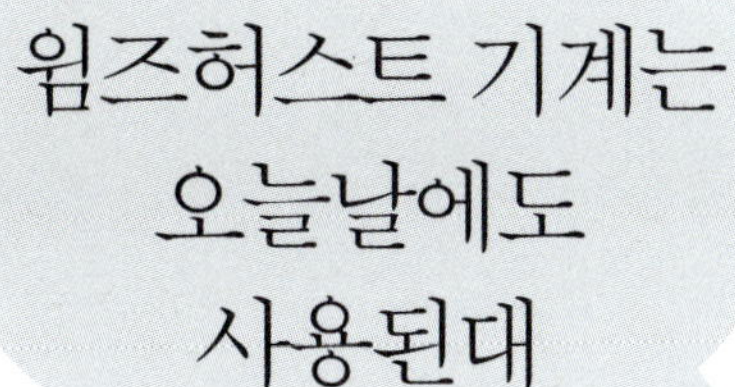

◀ 1883년 당시 만들었던 윔즈허스트 기계
· 손잡이가 달려 있는 회전축에 두 개의 바퀴가 달려 있고 벨트 연결을 다르게 하여 유리판 두 개의 회전 방향을 다르게 한다.
· 유리판이 회전하면서 마찰전기는 유리판 표면에 일정하게 박혀 있는 작은 동판에 모인다.
· 동박에 살짝 닿는 작은 구리선을 묶은 '빗자루'가 있어 모여 있는 마찰전기를 '쓸어 모은다'.
· 활 모양의 구리선 끝에 매달려 있는 구가 가까이 접근하면 방전이 일어나면서 불꽃이 일어난다.

윔즈허스트의 고압정전유도발생기는 몇 년 전에 만들어진 장치들을 참고하여 두 장의 유리가 돌면서 마찰에 의해 전하를 발생시키고 정전유도에 의해 모이는 전하들을 따로 분리했다. 유리 원판과 같은 큰 부도체에 작은 금속으로 만든 도체를 중간에 붙여 금속판 위에 정전유도로 모인 전하들을 외부로 끌어 내게 만들었다.

당시에 이미 볼타전지는 물론 다른 화학전지들이 만들어져 연속적인 전류를 힘들이지 않고 얻을 수 있었는데도 왜 정전유도발생기들을 계속 고안해 내었을까? 화학전지로 만든 전류는 전압이 낮았기 때문이다. 정전유도발생기로는 수천 볼트나 수만 볼트가 넘는 고압 전기를 만들어 낼 수 있다. 그러나 고압전기를 만들어 낸다고 해도 도선을 따라 계속 흘러갈 수 있는 전류가 만들어지지 않는 정전기였기 때문에 활용 범위는 넓지 못했다.

마찰전기를 한번 만들어 볼까?

마찰전기(정전기)가 존재한다는 생각에서 좀 더 나아가, 마찰전기를 만들어 보겠다는 생각으로 나아가기까지는 꽤 오랜 시간이 흘렀다. 만일 마찰전기를 인위적으로 만들겠다는 발상이 없었다면 전기의 역사는 전혀 다른 방식으로 흘러갔을 것이다. 어쩌면 전기가 들어오지 않아 밤이 되면 캄캄한 세상이 펼쳐졌을 수도 있다. 마찰전기 발명의 역사에서, 초기에 눈에 띄는 과학자는 윌리엄 길버트와 오토 폰 게리케이다.

윌리엄 길버트(1544~1603)

윌리엄 길버트는 영국의 물리학자이자 의사였다. 그는 자성을 처음으로 연구한 과학자로, 자기가 고체를 가로질러 물체를 끌어당긴다는 사실을 최초로 입증했다. 몇 년간의 끈질긴 나침반 실험으로, 나침반의 침이 남북을 가리키는 것은 지구가 하나의 막대자석 역할을 하기 때문이라고 주장했다. 또한 호박을 마찰할 때 발생하는 마찰전기를 '일렉트론'이라고 명명해 '전기학의 아버지'라고도 불린다.

오토 폰 게리케(1602~1686)

독일의 자연철학자이자 공학자인 오토 폰 게리케는 마그데부르크 시장과 브란덴부르크 행정장관을 지낸 정치가였다. 전기의 역사에서 그를 주목하는 이유는 최초의 정전기에 의한 발전기를 만들었기 때문이다. 1663년에 만든 최초의 정전기 발생장치는 회전하는 유황구에 손을 마찰시켜 정전기를 얻었다. 1672년에는 전기가 유황구의 표면에 빛을 발생시킨다는 사실도 알아냈다. 말하자면 그는 전기 발광을 처음으로 본 사람이다.

발전하는 발전기

게리케의 마찰전기 발생장치는 시간이 흐를수록 발전해 갔다. 초기의 발전기는 손잡이가 달린 유황구의 모습이었지만, 이후에는 벨트를 회전하는 바퀴에 연결해 유황구가 더 빠르게 회전할 수 있도록 했다. 그러자 더 많은 전기를 만들어 낼 수 있었다.

03 전기를 모으다

1 전기는 나의 것 / **2** 정전기로 신호를 보내다 / **3** 정전기, 19세기를 즐겁게 하다

달아나는 전기를 어떻게 붙잡게 되었을까? 전기 타임캡슐 속의 한 신문은 뮈셴브루크의 라이덴병에 대해서 자세하게 얘기하고 있었다. 금방 방전되어 사라져 버리는 전기를 유리병에 넣다니! 라이덴병이 많으면 많을수록 엄청난 양의 전기를 모을 수 있다는 말은 그 자체만으로 무척 흥미로웠다. 마찰전기를 이용한 장난감이 있어서, 장난감 손잡이를 돌렸더니 종소리가 울리면서 인형이 펄쩍펄쩍 위아래로 뛰어올랐다.

1. 전기는 나의 것

수많은 과학자들이 전기 충격을 받은 다음에야, 필요할 때마다 전기를 사용할 수 있는 장치들이 만들어졌다. 어떤 과학자는 목숨까지 잃었다. 번개로부터 발생하는 엄청난 양의 전기를 모으려고 위험천만하게 번개가 치는 날 연을 날린 과학자도 있었다.

꺼내 쓰는 라이덴병

▲ 라이덴병

'구슬이 서말이라도 꿰어야 보배'라는 옛말이 있다. 보배를 만들기 위해서는 일단은 구슬을 모아야 된다는 말이다. 사람들은 전기를 좀 더 자유롭게 이용하고 싶어했고 그러기 위해서는 우선 전기를 모아야 했다. 1745년 네덜란드의 라이덴 지방의 피터르 판 뮈센브루크(Pieter. van Musschenbroek, 1692~1761)와 독일의 에발트 게오르크 폰 클라이스트(E. G. von Kleist, 1700~1748)가 라이덴병을 만들기 전까지 사람들은 전기는 어떤 유체(기체와 액체)가 물체에서 흘러나올 때 나타나는 현상이라고 생각했다.

세상은 음과 양의 기운으로 이루어진다는 동양의 음양론이 있는데, 음의 기운은 (-)로, 양의 기운은 (+)로 표시할 수 있다. 전기도 음과 양으로 이루어졌다는 것을 발견한 사람은 프랑스의 샤를 뒤페(Charles Du Fay, 1698~1739)이다. 그가 음전하, 양전하라는 표현을 처음 사용하지는 않았지만, 뒤페는 전기를 띤 물체가 서로 밀거나 당기는 현상을 보고 전기엔 두 가지 종류가 있다는 것을 알아냈다.

뒤페는 자신이 알아낸 두 가지 전기를 하나는 유리에서 만들어진다고 '비트리어스 (vitreous)'라고 부르고, 호박에서 만들어지는 전기는 '레지너스(resinous)'라고 불렀다. '비트리어스'는 라틴어의 '유리'라는 뜻으로 오늘날 (+)전기에 해당하고 '레지너스'는 라틴어의 '호박'이라는 뜻으로 (−)전기에 해당한다. 뒤페는 마찰을 시키면 물체에서 이런 성질의 유체가 빠져 나가 버리고 남아 있는 물체가 전기를 띤다고 생각했다.

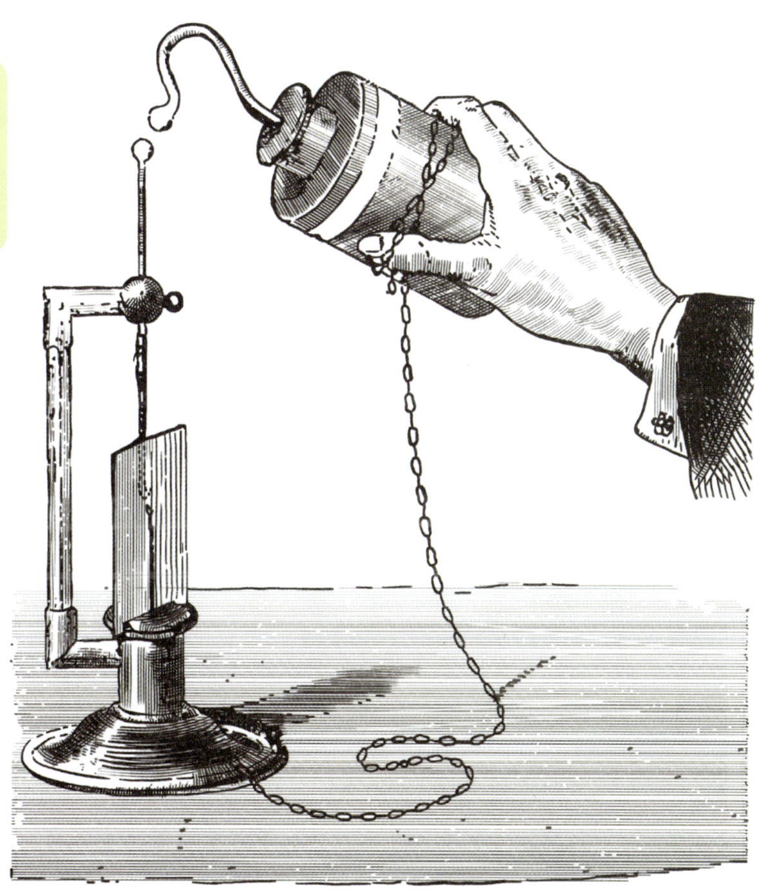

▲ 라이덴병의 방전 실험 : 고정이 되어 있는 금속축에 쇠사슬을 연결하여 라이덴병의 바깥에 감고 전기를 모은 라이덴병의 가운데 쇠고리를 고정이 되어 있는 금속축에 가까이 가져가면 불꽃이 튄다.

전기를 저장하다

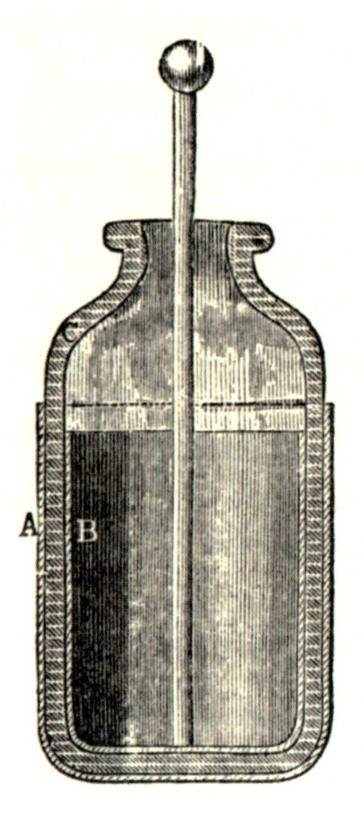

▲ 라이덴병의 구조 : 유리병의 바깥은 주석 박으로 감싸고(A) 안쪽에는 물을 넣는다(B). 끝이 둥근 금속구가 달려 있는 쇠 막대를 물에 잠기게 가운데에 넣으면 라이덴병이 만들어진다.

뮈센브루크는 유리구가 회전할 때 건조한 손을 접촉시켜 마찰전기를 일으켰다. 그러던 어느 날 유리구에 늘어뜨린 쇠줄을 금속 막대에 고정시키고 다른 쪽에서는 쇠줄이 물이 담긴 유리병에 닿게 하였다. 그런데 마찰전기를 발생시키지 않았는데도 나중에 한쪽 손으로 유리병을 잡고 다른 손으로 물속에 담겨 있는 쇠 막대를 잡자 큰 충격을 받았다. 뮈센브루크에게 '용감무쌍 실험상'이라도 수여하고 싶지만, 그 상을 받을 과학자가 기다리고 있으니 나중에 만나 보기로 하자.

뮈센브루크가 라이덴병을 만들기 전까지 사람들은 전기에 대해서 막연하게 물체에 들어 있는 어떤 힘이나 능력이 마찰할 때 나타나거나 뒤페처럼 유체가 빠져 나간 뒤에 물체가 지니는 특성이라고 생각했다. 누구도 그때까지 그릇에 물을 담아 두듯이 전기도 저장하거나 꺼내 사용할 수 있는 실체라고 여기지 않았다. 그러나 라이덴병이 만들어지면서 마찰전기를 모아 둘 수 있게 되자 전기도 어떤 실체가 있어 저장하거나 꺼내 사용하는 일이 가능하다는 것을 알게 되었다.

▲ 뮈셴브루크의 전기 실험
· 벨트로 연결된 유리구가 빠르게 회전하면 손바닥을 접촉시켜 마찰전기를 발생
  시킨다.
· 유리구 위에는 닿을 정도의 쇠사슬이 쇠 막대에 걸려 있다.
· 쇠 막대는 절연이 되도록 밧줄로 매달고 왼편에는 고리 모양의 가는 쇠를 걸고
  다른 쪽이 유리병 안의 물에 잠기게 한다.
· 한 손으로 유리병을 잡고 다른 손으로 쇠고리를 잡으면 큰 충격을 받는다.

더 많은 전기를 모으다

뮈셴브루크가 전기를 저장하는 라이덴병을 처음 만들 때 병의 안쪽에는 물을 담았다. 물론 과학자들은 이런 형태의 라이덴병에 만족하지 않았다. 나중에 라이덴병은 유리병의 안쪽과 바깥쪽에 주석박을 입힌 제품으로 세상에 나왔다.

18세기에는 라이덴병 하나에 모으는 전기량에 부족함을 느꼈던지 여러 개를 연결하여 더 많은 전기를 모으려고 했다. 과학자들은 라이덴병의 안쪽 금속구끼리 서로 연결하면 더 많은 전하를 모을 수 있다는 사실을 발견했다. 오늘날 축전기를 병렬로 연결하는 것과 같다. 라이덴병으로 많은 전하를 모을 수 있었기 때문에 윔즈허스트 장치로 고전압의 마찰전기를 발생시켜 라이덴병에 모을 수 있었다.

19세기에는 전기를 저장하는 라이덴병의 성질을 이용하기보다는 장식용으로도 활용하기 위해 다양한 종류의 라이덴병이 만들어졌다.

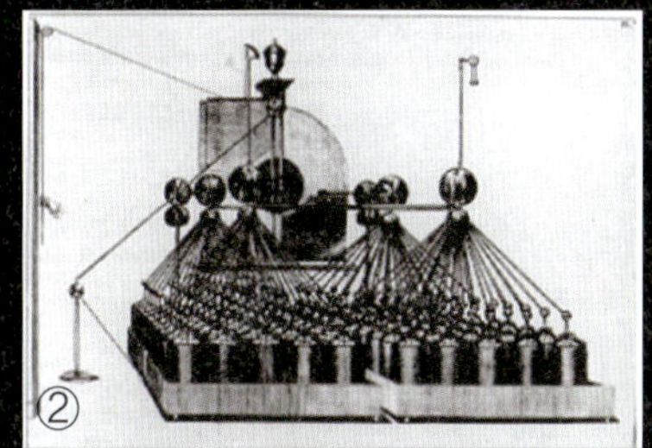

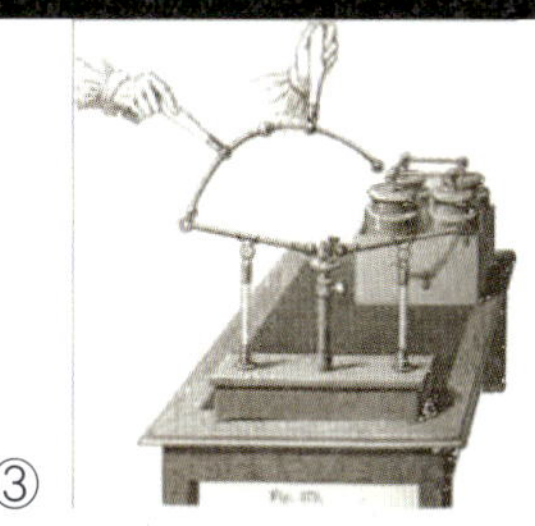

다양한 라이덴병

① 9개 라이덴병의 가운데 쇠 막대를 서로 연결하여 병렬 연결시킴
② 고압정전 발생장치로 만든 전기를 수백 개의 라이덴병을 병렬 연결시킴
③ 두 개의 라이덴병을 병렬 연결시키고 바깥을 서로 연결한 금속구를
　 가까이 가져가는 방식의 방전 실험
④ 라이덴병의 방전 실험
⑤ 여러 형태의 다양한 라이덴병
⑥ 바깥에서 접근하는 금속구를 사냥총으로 익살스럽게 만든 라이덴병
⑦ 라이덴병으로 금속종을 울리는 장치

라이덴병의 유행

라이덴병이 처음 만들어졌을 때, 라이덴병 속의 전기는 오락용으로 사용되곤 했다. 찌릿찌릿 전기가 느껴지는 라이덴병에 사람들은 화들짝 놀랄 수밖에 없었고, '전기 놀이'는 세계 곳곳에서 유행했다. 이러한 가운데 더 많은 전기를 모으기 위해 라이덴병을 연결하는 시도가 이뤄졌다. 수십 개의 라이덴병을 연결해 엄청난 전압을 가진 축전기가 만들어지기도 했다. 1781년 무렵에는 라이덴병을 이용해 무려 30만 볼트까지 얻을 수 있었다.

번개가 치는 날

18세기 유럽에서는 마찰전기를 만드는 여러 가지 장치를 사용해서 다양한 전기 실험이 이루어졌다. 축전기인 라이덴병이 발명되고 나서 전기를 모아 더 큰 전압을 발생시킬 수 있었기 때문이다.

벤저민 프랭클린(Benjamin Franklin, 1706~1790)은 정치가였지만 유럽에서 인정하는 신대륙의 과학자였으며 양전하와 음전하라는 이름을 처음으로 사용한 과학자였다. 1752년 미국의 프랭클린은 번개가 치는 날 연을 날려 보았다. 그는 연줄이 축축하게 젖자 연줄에 매달렸던 열쇠고리로부터 약한 불꽃이 튀는 것을 보았다. 그렇다! 뮈셴브루크에게 주지 않았던 '용감무쌍 실험상'은 바로 프랭클린의 것이다. 그는 역사상 가장 바쁘고 용감한 과학자 중 한 명이었다. 또 프랭클린은 라이덴병에 모아 두었던 전기가 방전할 때 나오는 불꽃으로 온도가 얼마나 올라가는지를 측정하려고 했다.

▲ 프랭클린은 번개가 치는 날 연줄에
열쇠고리를 매단 후 연을 날렸다.

번개는 전기의 일종

▲ 피뢰침이 알려지면서 우산에 피뢰침을 다는 것은 당시 '최신 패션'으로 자리 잡았다.

프랭클린은 번개로부터 발생하는 전기를 라이덴병에 모으기도 했다. 또 라이덴병의 두 전극을 쇠줄로 가까이 가져갈 때 불꽃이 튀는 것을 보고 번개가 전기의 일종이라는 사실을 증명했다. 프랭클린의 실험은 곧 유럽에도 알려져 여러 사람들이 실험을 따라 하였는데 어떤 한 과학자는 벼락으로 목숨을 잃었다. 1783년 스웨덴 과학자 게오르그 리치먼(Georg Richmann, 1711~1753)은 여러 개를 연결한 라이덴병을 다루다가 라이덴병에 모여 있던 전기에 감전이 되어 사망하였다. 프랭클린은 운이 매우 좋았다. 이토록 운이 좋은 프랭클린이 만들어 낸 장치는 무엇일까? 그것은 바로 벼락을 유도하는 피뢰침이다.

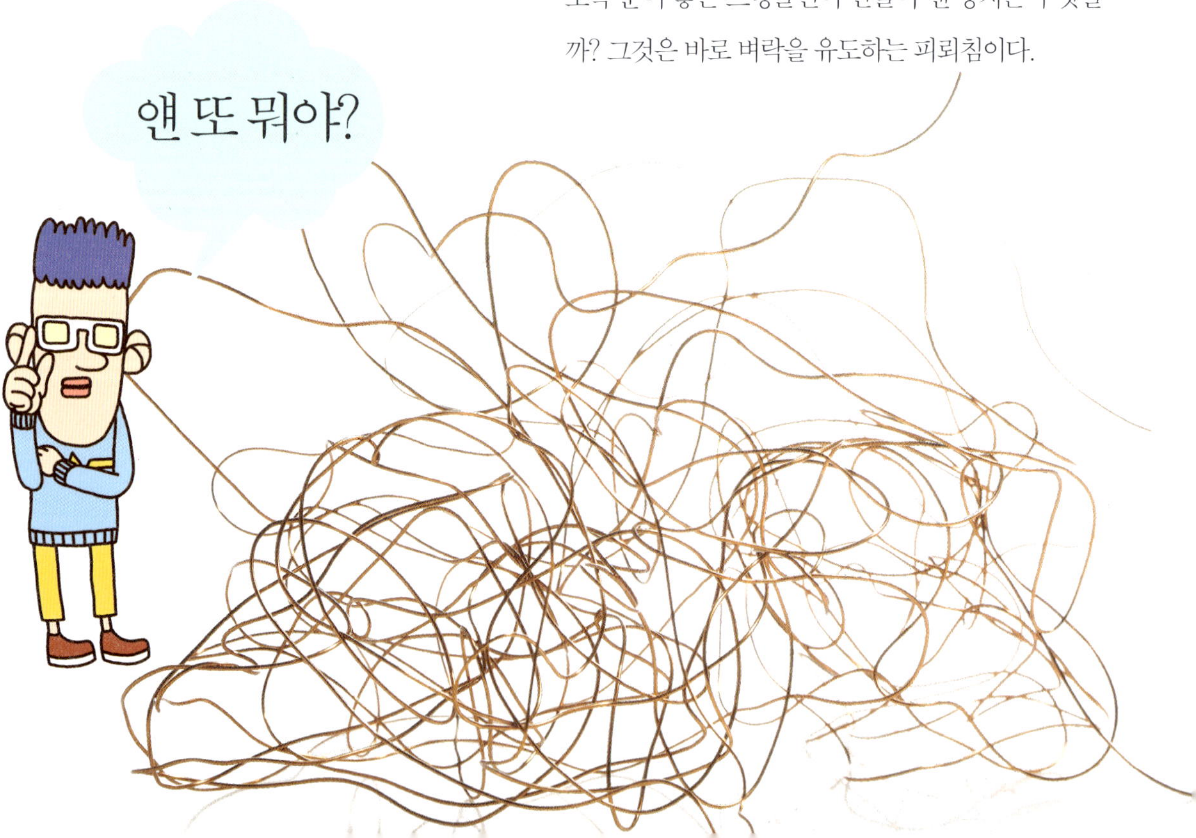

Frictional Electricity

벼락을 유도하는 피뢰침

프랭클린, "피뢰침, 만들어 달면 안전"

프랭클린이 피뢰침을 단 모형과 그렇지 않은 모형의 집을 만들고 안에는 폭발하기 쉬운 화약을 채워 축전을 한 라이덴병으로 벼락이 치는 장면을 연출했다. 이로써 프랭클린은 피뢰침을 달면 집과 집안에 있는 사람들이 안전하다는 사실을 보여 주었다.

◀ 전기 불꽃이 튀면 폭발하기 쉬운 화약을 안쪽에 넣어서 만든 '천둥 집'. 유럽의 과학자들은 피뢰침을 만들어 달면 집이 벼락에 안전하다는 사실을 증명했다.

2. 정전기로 신호를 보내다

전기 연구와 전기 실험이 전기를 피하는 장치를 만들어 내는 일에 그쳤다면 너무도 아쉬웠을 것이다. 생각은 실험을 하게 하고, 또 실험은 새로운 생각을 만들어 낸다. 전기에 대한 새로운 생각은 기기의 발전을 불러왔다. 다음 이야기들을 통해 어떤 새로운 생각이 탄생하게 되었는지 상상해 보자.

깜짝 놀래키는 놀레 신부

마찰전기가 만들어질 때 과학자들은 여러 사람들이 서로 손을 잡은 다음 한 사람이 물체에 접촉하면 거의 동시에 깜짝 놀라게 되는 현상을 보고 전기가 전달되는 속도가 매우 빠르다는 사실을 발견했다. 그레이는 도체나 사람을 통해 전기가 어떻게 전달이 되는가를 알아보는 실험을 하였다. 또 프랑스의 놀레 신부는 사람을 통해 얼마나 빨리 전기가 전달되는가를 알아보았다. 그리고는 마찰전기를 만들어 대전이 된 상태에서 옆 사람에게 전기 충격이 전달된다는 것을 여러 사람들 앞에서 시범을 보였다.

1746년 맑은 봄날 수도원에서 놀레 신부는 수도승 200명을 8미터 정도 되는 쇠줄을 서로 잡게 한 후 1.6킬로미터 정도의 큰 원을 그리게 세웠다. 그리고는 라이덴병의 한쪽을 잡고 큰 원을 그리면서 쇠줄을 잡고 있는 마지막 수도승에게 다른 쪽의 전극을 잡게 했다. 그랬더니 거의 동시에 200여 명이 전기 충격을 받고 깜짝 놀라 펄쩍 뛰었다.

이것은 무엇을 말하는 것일까? 바로 전기의 성질이다. 이 실험은 전기의 전달 속도가 엄청나게 빠르다는 사실을 보여 주는 실험이었다. 나중에 놀레 신부는 베르사유 궁전에서 루이 15세가 지켜보는 가운데 근위병 180명을 대상으로 전기 충격 실험을 하였다.

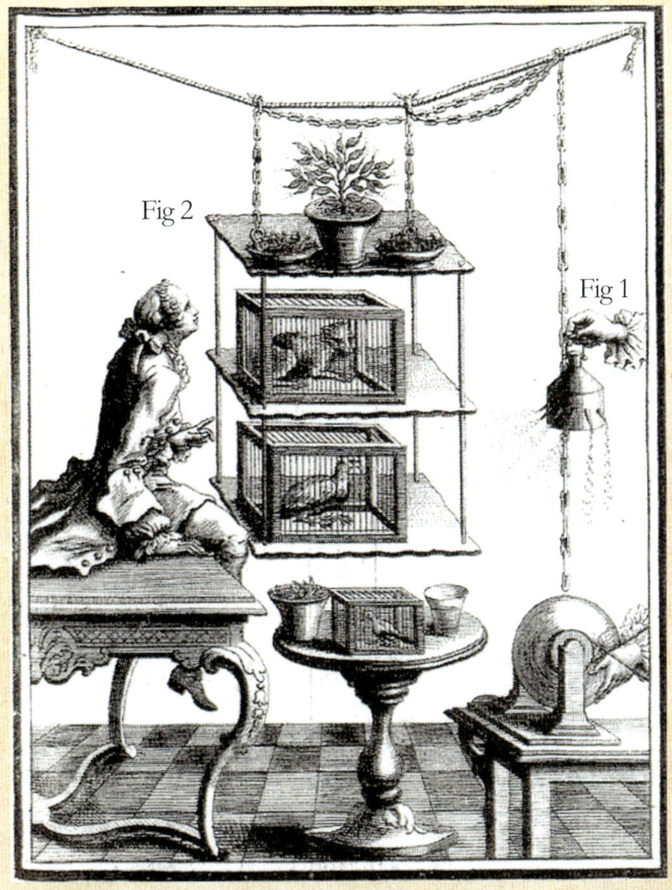

▲ 놀레 신부의 실험

· 유리구를 회전시키고 손바닥으로 접촉시켜 마찰전기를 발생시킨다.
· 유리구의 위에 쇠사슬이 닿게 하고 위로 연결하여 절연이 되도록 실로 매단다.
· 쇠사슬이 지나가는 곳에 구멍이 뚫린 통에 물을 넣고 가는 물줄기가 사방으로 뻗어
  나올 때 접근시키면 전기 때문에 물줄기가 쇠사슬 방향으로 휘어진다(Fig. 1).
· 전기가 통하는 쇠사슬 아래에 식물도 키워 보고 각종 동물도 우리에 넣어 전기의
  영향을 어떻게 받는지 관찰한다(Fig. 2).

전기는 마차보다 빠르다

▲ 샤프의 수기신호 : 가로 막대는 4개의 위치가. 가로 막대에 달린 각각의 막대는 7개의 위치가 가능하도록 수기신호에는 관절과 도르래가 있다. 각 막대는 로프로 연결되어 아래에서 손잡이를 돌려 막대가 약속한 위치에 오도록 한 다음 조합하면 196개의 다른 기호를 보낼 수 있다.

전기의 전달 속도가 빠르다는 사실은 단순히 사람들을 놀라게 하는 것만을 의미하지 않는다. 이런 실험들을 통해 탄생한 생각은 '전기가 전달되는 속도가 엄청나게 빠르므로 도체인 쇠줄을 이용하여 신호를 빠르게 보낼 수 있지 않을까?'였다. 1753년 스코틀랜드의 찰스 모리슨(Charles Morrison)은 정전기를 이용하여 멀리 신호를 보내는 원리를 제시하였다. 26개의 절연이 된 쇠줄을 멀리 나란히 놓고 한쪽에서는 라이덴병으로 신호를 보내고자 하는 전선에 접촉을 시켜 전기를 보내면 각 쇠줄 끝에서는 알파벳을 적은 종이를 끌어당겨 어떤 줄을 통해 전기신호가 왔는지 알아냈다. 1774년 제네바에서 조르주루이 르사주(Geoges-Louis Le sage, 1724~1803)는 앞에서 제시했던 방법으로 여러 사람들 앞에서 실제로 작동하는 시범을 보였다.

이런 실험은 정전기의 특성 때문에 먼 곳까지 신호가 전달되지 못했지만 다른 형태의 통신으로 발전하였다. 1794년 프랑스의 클로드 샤프(Claude Chappe, 1763~1805)는 수기신호(semaphore)를 개발하여 파리(Paris)와 릴(Lille) 사이에 통신을 하기 시작하였다. 탑 위에서 신호기로 일정한 약속에 따라 알파벳으로 이루어진 내용의 신호를 보내면 수 킬로미터 떨어진 곳에서 망원경으로 읽고 다음 탑으로 신호를 보냈다.

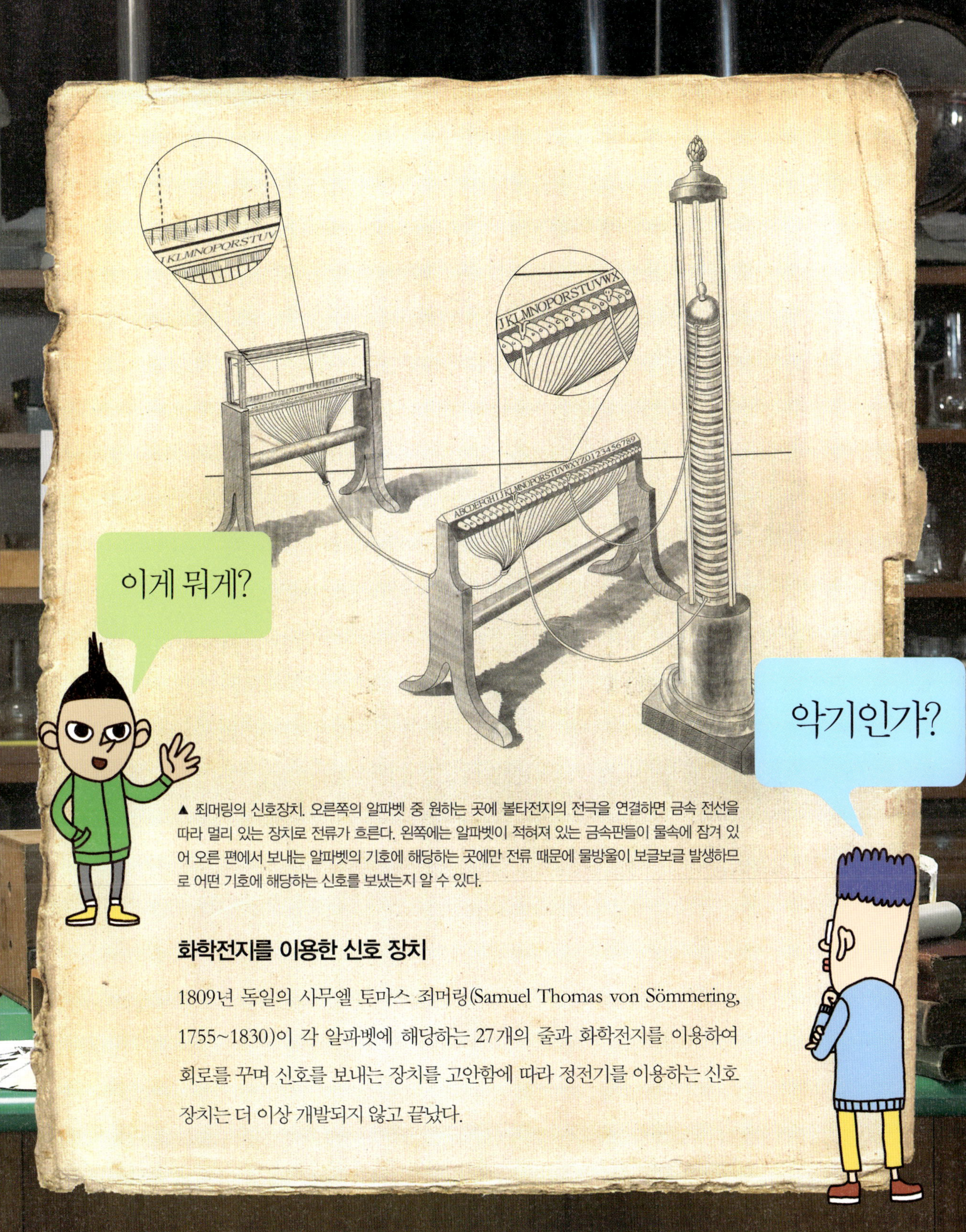

▲ 죄머링의 신호장치. 오른쪽의 알파벳 중 원하는 곳에 볼타전지의 전극을 연결하면 금속 전선을 따라 멀리 있는 장치로 전류가 흐른다. 왼쪽에는 알파벳이 적혀져 있는 금속판들이 물속에 잠겨 있어 오른 편에서 보내는 알파벳의 기호에 해당하는 곳에만 전류 때문에 물방울이 보글보글 발생하므로 어떤 기호에 해당하는 신호를 보냈는지 알 수 있다.

화학전지를 이용한 신호 장치

1809년 독일의 사무엘 토마스 죄머링(Samuel Thomas von Sömmering, 1755~1830)이 각 알파벳에 해당하는 27개의 줄과 화학전지를 이용하여 회로를 꾸며 신호를 보내는 장치를 고안함에 따라 정전기를 이용하는 신호 장치는 더 이상 개발되지 않고 끝났다.

3. 정전기, 19세기를 즐겁게 하다

정전기로 장난감을 만든다면 어떤 모습일까? 실제로 19세기에 마찰전기가 세간의 눈길을 끌었을 때, 곧이어 사람들을 즐겁게 하는 장난감이 등장했다. 그것은 손잡이를 돌리면 유리와 가죽이 접촉하면서 마찰전기를 만들어 내고, 이어 종소리를 울리면서 인형까지 움직이게 하는 장난감이었다.

마찰전기 장난감

'마찰전기로 사람들을 어떻게 즐겁게 할 수 있을까?'라는 생각은 마찰전기를 이용한 장난감을 만들어 냈다. 오른쪽 페이지에 보이는 장치는 인형을 춤추게 하는 19세기 장난감이다.

(A) 마찰전기를 만드는 부분이다. 손잡이를 돌리면 네모 상자에서 방향을 바꾸는 기어를 이용하여 유리구가 제자리에서 수평으로 회전한다. 유리구 바깥에 붙어 있는 가죽이 유리구와 접촉하면서 회전하면 마찰전기가 만들어진다.

(B) 프랭클린의 종이다. 세 개의 종 사이에 작은 금속구가 있어 대전이 되면 종을 때리며 소리를 낸다.

(C) 절연체로써 바닥과 대전된 금속인 D를 분리한다.

(D) 도체로 유리구와 접촉을 하면서 전체는 유리에서 만들어진 전하와 똑같은 전하를 가진다.

(E) 춤추는 인형이다. 유리구가 회전하면서 마찰전기가 생기면 인형이 원판형 도체 사이로 펄쩍펄쩍 뛰어오른다.

(F) 검전기다. 유리구의 회전 속도에 따라 바늘과 같은 침이 위아래로 움직인다.

👉 (B), (E), (F)의 자세한 원리는 뒷페이지 참조.

마찰전기가 사람을 웃긴다!
손잡이를 돌리면 인형이 춤추는 놀라운 장치

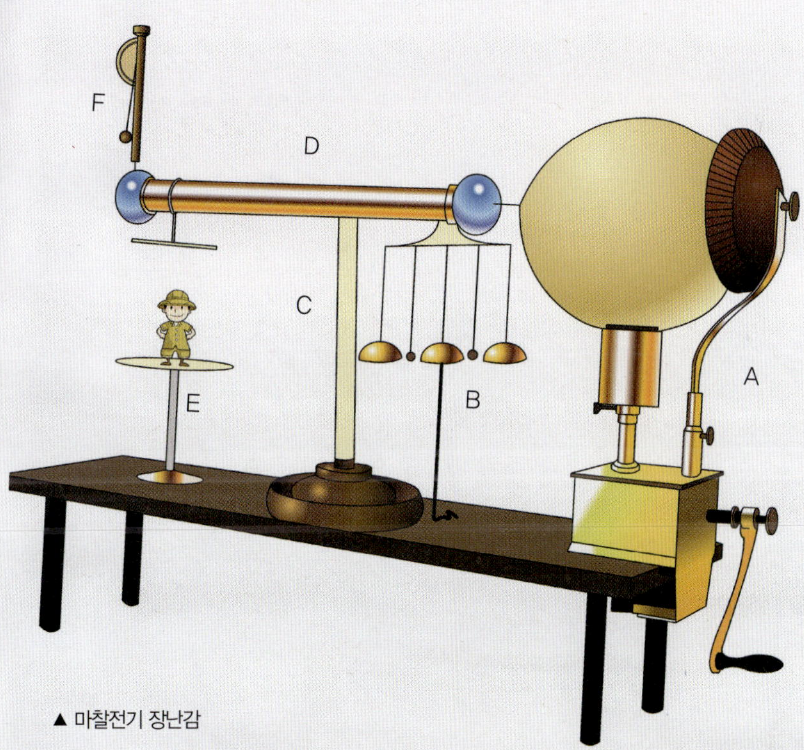

▲ 마찰전기 장난감

Frictional Electricity

유리구에서 만들어진 마찰전기의 놀라운 힘

손잡이를 돌리면 유리구에 마찰전기가 모여서 장난감의 각 부분은 아래의 그림과 같이 대전된다. 유리를 가죽으로 마찰시키기 때문에 대전서열에 의해 유리는 (+)전하로, 가죽은 (−)전하로 대전된다.

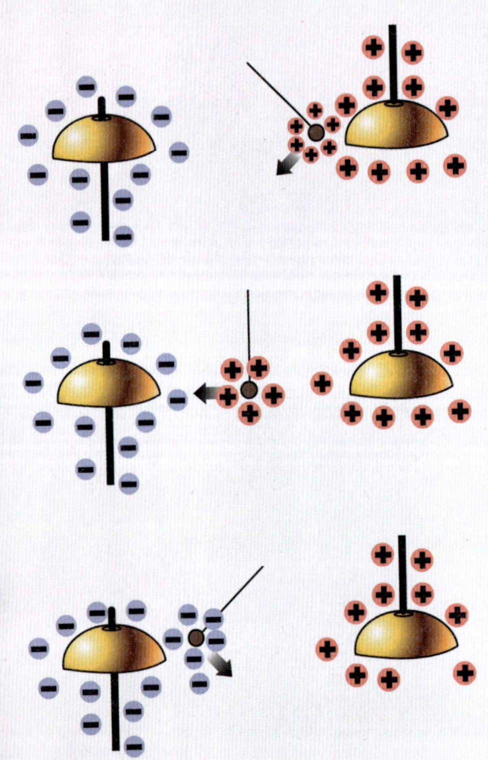

▲ 마찰전기 장난감 : 프랭클린의 종(B)

(B) 프랭클린의 종

바깥쪽 종 두 개는 도체와 연결되어 있기 때문에 (+)전하로 대전되고 가운데 종은 가죽과 연결되어 있기 때문에 (−)전하로 대전된다. 종 사이에 있던 금속구는 유리구가 더 강하게 대전되면 바깥쪽 종으로 끌려온다. 종에 접촉을 하는 순간 (+)전하로 대전되면서 같은 전하 때문에 미는 힘이 생기고 가운데 종과는 반대 전하이기 때문에 가운데 종을 향해 끌려간다. 가운데 종에 부딪치면서 소리를 내고 접촉을 하는 순간 (−)전하로 대전되어 서로 미는 힘이 발생한다. 금속구가 (−)전하로 대전이 되면 바깥쪽 종과 반대 전하이기 때문에 끌어당기는 힘에 의해 다시 바깥쪽 종으로 끌려가서 부딪치면서 소리를 낸다. 이런 과정이 반복되면서 종소리가 계속 난다.

▲ 마찰전기 장난감 : 춤추는 인형(E)

(E) 춤추는 인형

원판형 도체 사이에 들어 있는 인형은 처음에는 바닥에 있는 도체와 같은 전하인 (−)로 대전된다. 위쪽 도체 원판에 충분한 전하가 모이면 인형이 반대 전하끼리 작용하는 힘에 의해 위로 끌려 올라간다. 위쪽 도체에 닿은 순간 (+)전하로 대전이 되면서 도체 원판과 미는 힘이 생기고 아래쪽 원판과는 당기는 힘이 생겨 아래로 떨어진다. 아래 원판에 닿는 순간 (−)전하로 대전되고 위쪽에 있는 원판과 당기는 힘에 의해 다시 위로 끌려 올라간다. 대전되는 정전기가 인형의 무게를 이겨 낼 정도의 전기력으로 작용한다면 인형은 위아래로 펄쩍펄쩍 뛰어오르는 것처럼 보인다.

(F) 검전기

검전기는 마찰전기가 얼마나 생겼는가를 알아보는 장치다. 도체로 만든 가는 선에 매달린 도체구가 기둥에 자연스럽게 움직이도록 매단다. 마찰전기가 생겨 도체가 (+)로 대전되면 같은 전하끼리 미는 힘에 의해 도체구가 들려 올라간다. 도체구가 올라가는 정도는 마찰전기의 양에 따라 다르다. 많은 마찰전기가 유도될수록 도체구는 더 높이 올라간다.

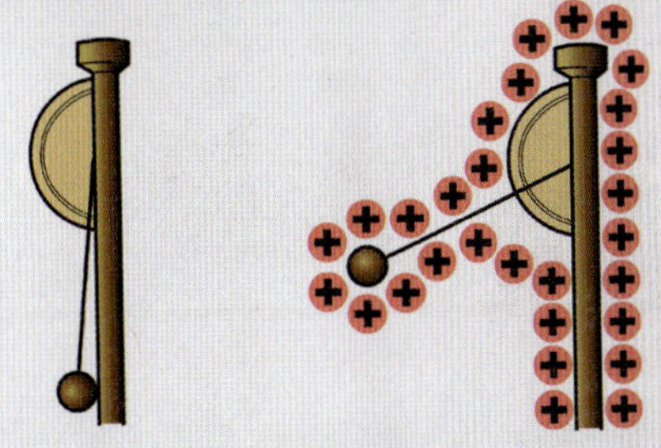

▲ 마찰전기 장난감 : 검전기(F)

번개는 전기 현상이다!

전기를 얘기할 때 빠짐없이 등장하는 소재가 바로 번개이다. 벤저민 프랭클린이 주목받는 이유는 번개를 전기 현상과 연결시켜 생각했기 때문이다. 프랭클린은 어느 날 라이덴병의 방전 현상으로 일어난 불꽃을 보고는 번개가 자연적으로 발생하는 '공중전기'로 생각했다.

벤저민 프랭클린(1706~1790)

프랭클린은 번개를 '신의 분노'로 생각하지 않았다. 초자연적인 것을 경계하던 계몽주의의 영향을 받았던 프랭클린은 객관적으로 번개를 설명하고 싶어 했다. 프랭클린은 연에 금속 열쇠를 묶고는 번개가 치는 날, 과감하게 연을 날렸다. 그러자 전기가 줄을 타고 내려왔고, 그로 인해 열쇠에서 스파크가 일었다. 그가 번개를 맞지 않은 것은 큰 행운이었다.

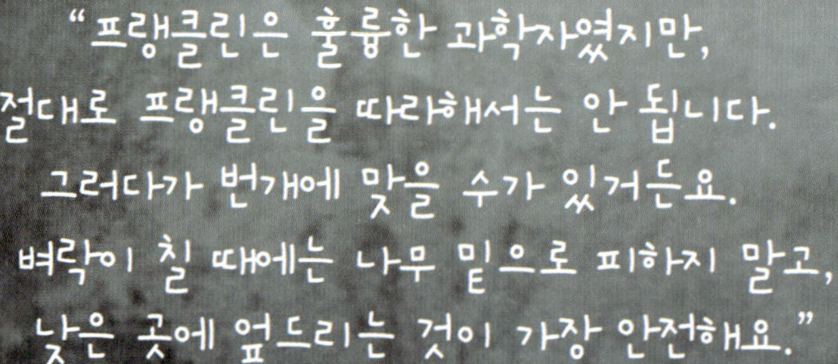

번개의 속성

구름 속에 있는 얼음 알갱이들이 빠르게 움직이다
보면 마찰전기가 생기고, 그로 인해 구름은 전하를
띠게 된다. 전하를 띤 구름이 반대 전하를 띤 구름을
만나거나, 전하를 띤 구름이 지면에 가까이 오면, 반
대 전하가 몰린 곳으로 떨어지려고 한다. 나무나 건
물 등 뾰족한 곳은 번개가 떨어지기에 좋은 장소다.
즉 번개는 구름과 구름, 구름과 대지 사이에서 일어
나는 방전 현상이다.

번개의 힘

번개의 에너지는 실로 막대하다.
번개가 한 번 내리칠 때의 에너지는
100와트 전구 수만 개를 몇 시간 동안
환하게 밝힐 수 있는 에너지와
맞먹는다고 한다.

피뢰침이 효과적인 이유

프랭클린이 뛰어난 발명가라는 것을 보
여 주는 하나는 그가 번개의 속성을
알아차리고는 피뢰침을 발명했
다는 데 있다. 그는 피뢰침이
번개의 일격으로부터 건물
을 구할 수 있을 것이라 생
각하고는 건물 꼭대기에
피뢰침을 설치했다. 이후,
번개가 피뢰침을 쳤을 때,
전기는 피뢰침을 통과해 건물
측면을 타고 내려와 땅속으로
방전됐다.

04 전기로 꺼내 쓰기

1 전기야 모여라, 축전기 / **2** 지구는 거대한 축전기?

사람들은 새로운 생각과 실험을 거듭하면서 전기가 무엇인지, 어떤 특성을 가지고 있는지를 알게 되었다. 그리고 전기를 자유롭게 이용하면서 인간의 삶은 과거와 비교할 수 없을 정도로 다른 모습을 가지게 되었다. 이제 전기를 이용한 기기의 원리들을 알아보자. 그리고 집에서 만들어 볼 수 있는 재미있는 장치들로 직접 실험해 보자. 집에서 전기 장치를 만드는 것은 어릴 적에 달걀을 품었던 에디슨 같은 과학자만이 하는 행동이 아니다. 단, 고무장갑을 비롯한 준비물들을 갖춘 후 주의사항을 잘 읽어 보도록!

1. 전기야 모여라, 축전기

공기를 사이에 둔 두 장의 금속판을 떠올려 보자. 별 게 아닐 수 있지만, 마주보고 있는 양쪽의 도체에 전하를 주면 전기를 모을 수 있었고, 이 사실이 전기 시대를 열었다. 굉장하지 않은가? 그러나 전기를 모아서 전기를 이용하기까지는 많은 시행착오를 거칠 수밖에 없었다.

흩어지는 전기를 가둬라

사람들은 좋은 것은 간직하고, 부족한 때를 대비해 저축을 하곤 한다. 전기도 마찬가지다.

1745년 독일의 클라이스트와 네덜란드 라이덴 지방의 뮈셴브루크는 각각 독립적으로 전기 저장장치인 라이덴병을 발명했고, 그러자 두 과학자는 사람들의 관심을 한 몸에 받았다. 마찰전기를 모을 때 날씨의 영향을 받지 않아도 되었고, 전기가 마찰전기 장치가 작동할 때만 만들어진다는 사실에 아쉬워하지 않아도 되었다.

앞에서도 언급했듯이 라이덴병은 전하를 저장하는 축전기이다. 전하가 움직이지 못하는 부도체와 달리 도체에 전하를 주면 같은 전하끼리 미는 힘 때문에 도체 표면으로 퍼져 나간다. 표면으로 퍼진 전하

▲ 라이덴병은 안팎을 주석판으로 덮어 씌운 유리병과 금속사슬이 달린 금속구, 유리병 마개가 있으면 만들 수 있다.

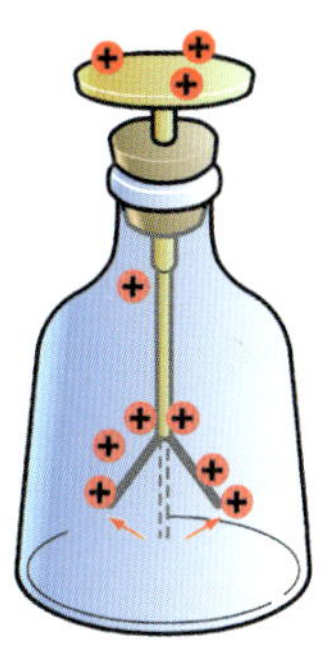

▲ 도체에 같은 전하를 주면 미는 힘 때문에 퍼진다.

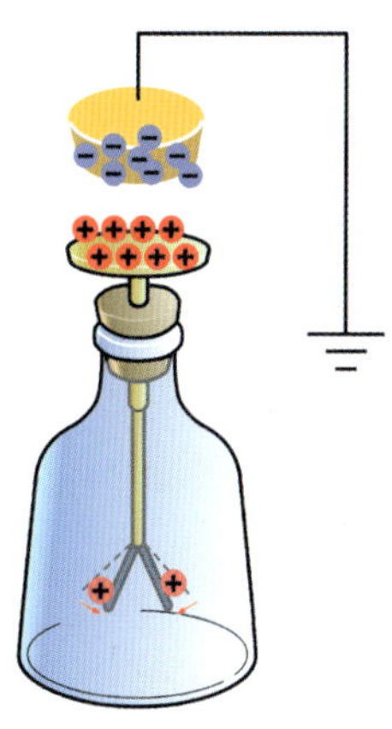

▲ 전하를 준 도체에 반대 부호의 전하를 주면 서로 끌어당기는 힘에 의해 전하가 좁은 공간에 모인다.

는 한곳에 모을 수도 없고 점차 방전이 되며 사라진다. 만약 다른 도체를 이용하여 반대 전하를 모아 둔다면 서로 잡아당기는 힘 때문에 흩어지지 않고 한곳에 모아둘 수 있다. 이렇게 만든 장치를 축전기라고 한다.

서로 마주보는 도체를 엇갈리게 하여 반대 전하를 주면 도체가 마주보는 곳에만 전하들이 몰리기 때문에 도체가 겹치는 정도로 전하량을 조정할 수 있다. 이렇게 만든 축전기가 '가변축전기(variable condenser, variable capacitor)'이다. 다른 말로 '바리콘'이라고 한다. 가변축전기는 옛날 라디오에서 채널을 찾을 때 이리저리 돌리는 곳에 사용되었다. 축전기에 모이는 전하 때문에 정전 용량이 달라지면 라디오 내의 주파수가 바뀌면서 원하는 주파수를 가진 방송국의 채널을 찾아낼 수 있다.

▲ 금속판들끼리 서로 겹치는 넓이의 차이에 따라 모이는 전하가 달라진다.

전자제품에 사용하고 있는 축전기는 두 장의 도체 원판을 가까이 대어 전하를 모으는 평행판 축전기를 변형시켜 만든 형태다. 서로 접촉하여 방전을 하는 것을 막기 위해 가운데에 분리막을 끼운다. 분리막은 종이나 기름종이, 폴리에틸렌 수지, 운모, 세라믹 등 여러 재료가 사용되며, 재료의 성질에 따라 모이는 전하량이 달라진다.

▲ 전하를 잠시 동안 모으는 여러 종류의 축전기

▲ 많은 전하를 모을 수 있는 축전기

▲ 하이브리드 차량이나 연료전지 차량에 사용하는 슈퍼 커패시터

하이브리드 자동차나 연료전지 자동차에서도 순간적인 출력을 높이기 위해 축전기를 사용한다. 충전이 가능한 배터리 옆에 큰 용량의 축전기를 연결하여 평소에 전하를 충분히 모아 두었다가 자동차가 급하게 가속할 때 모아 놓은 전기를 사용한다. 이런 기능을 가진 축전기를 슈퍼 커패시터 또는 울트라 커패시터라고 한다. 슈퍼 커패시터의 용량은 1패럿(F, 전하량의 단위로 1패럿은 1쿨롱의 전하를 주었을 때 전위가 1볼트가 되는 전기 용량)이 넘는 경우도 많다. 보통 전기제품에 사용하는 축전기는 전기 용량이 밀리패럿(mF)이나 피코패럿(pF)으로 슈퍼 커패시터의 $10^{-6} \sim 10^{-12}$ 배 정도밖에 되지 않는다.

집에서 축전기를 만들자

집에서도 라이덴병을 만들어 전기를 저장할 수 있다.

준비물 PET병, 굵은 못, 알루미늄 포일, 피복이 있는 긴 전선이나 TV 케이블, 고무장갑

실험 방법

1 빈 PET병의 뚜껑에 굵은 쇠못을 박는다.
2 바깥쪽에 알루미늄 포일로 빈 공간이 없도록 감싼다.
3 못이 충분히 잠길 정도로 물을 채운다.
4 오래된 TV 모니터는 정전기가 발생하므로 TV 수상기 표면에 알루미늄 포일을 적당한 크기로 잘라 붙인다.
5 리모컨으로 TV를 켜는 순간 따닥하는 소리와 함께 알루미늄 포일의 표면에 정전기가 모인다. 전선의 한쪽 끝을 알루미늄 포일에 접촉시킨 상태로 다른 쪽을 PET병의 못에 접촉시킨다. 같은 과정을 몇 번 반복한다.
6 전선의 한쪽을 PET병 바깥쪽에 접촉시키고 다른 쪽을 못 가까이 가져간다.

실험결과

충분한 전기가 모였다면 전선의 끝을 병 가운데에 있는 못에 가까이 가져가면 불꽃이 튀는 전기 방전을 관찰할 수 있다.

* 주의 : 실험할 때 꼭 고무장갑을 사용해야 한다. 그렇지 않고 맨손으로 PET병의 알루미늄 포일과 못을 만지면 마찰전기 때문에 큰 충격을 받아 놀라게 된다.

2. 지구는 거대한 축전기?

여름철에 시커먼 구름이 생기고 소나기가 쏟아질 때 번쩍하면서 벼락이 땅으로 내리치곤 한다. 그러면 불꽃이 공중으로 뻗어 나가면서 조금 후 큰 천둥소리가 난다. 옛날 사람들은 번개나 벼락에 대한 공포심 때문에 신이 분노했다고 생각했다. 오늘날에는 벼락에 의해 건축물이나 사람이 피해를 입어도 번개가 신의 분노가 아닌 자연적인 전기 현상의 일종이라는 사실을 알고 있다.

벼락은 신의 분노가 아니야

▲ 벼락(낙뢰)

지구의 높은 상공(80~400킬로미터)에는 전하를 띤 전리층(이온층)이 존재하기 때문에 맑은 날 지표면은 (−)전하로 대전되어 있다. 지구는 평소에 전리층과 지표면이 만드는 거대한 축전기라고 할 수 있다. 전리층의 밑바닥은 (+)전하로 대전되어 있으나 강한 상승기류 때문에 소나기 구름인 적란운이 발생하면 지표면과 가까운 구름의 아래 부분이 (−)전하로 대전되면서 아래에 있는 지표면은 정전유도로 (+)전하로 바뀐다. 구름 아래에 모이는 전하가 더 많아져서 지표면과의 전압차가 수십만 볼트 가까이 차이가 나면 방전 현상이 일어난다. 이런 방전 과정이 눈으로 보이는 것이 번개이다.

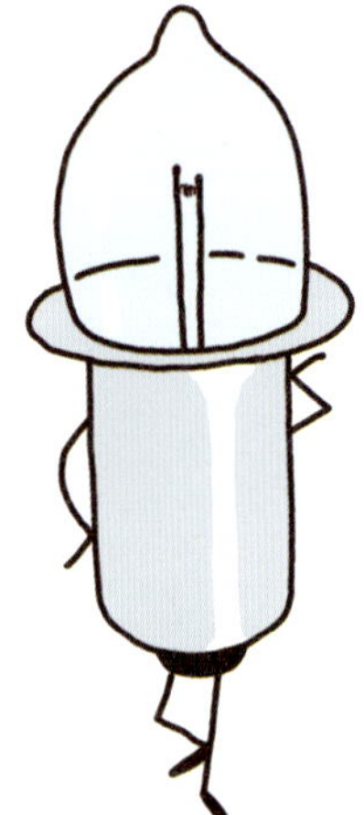

번개가 치는 적란운에 어떤 과정으로 전하가 분리되는지는 여러 가지 설이 있기는 하지만 정확히 밝혀지지는 않았다. 대개 번개는 강한 상승기류로 뭉게구름이 만들어질 때나 모래폭풍이 일 때, 화산의 먼지들이 공중으로 올라갈 때 만들어진다.

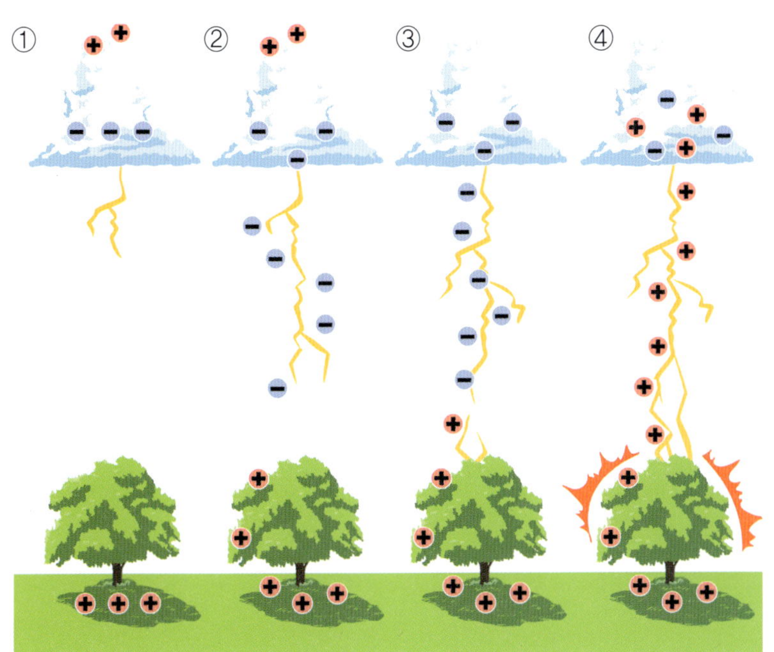

① 급격한 상승기류에 의해 적란운이 만들어지면서 구름의 위는 (+)전하로, 아래는 (−)전하로 대전된다. ② 정전유도 때문에 지표면은 (+)로 대전되는데 전압이 어느 정도 이상으로 올라가면 구름 아랫부분에 있던 (−)전하들이 방전하기 시작하면서 공기 중에서 가장 빠르게 움직이는 길을 찾아 지그재그로 움직이면서 지표면으로 내려온다. ③ 지표면에서 (+)로 대전된 곳 중에서 구름에서 내려오는 (−)전하 때문에 위로 올라가는 (+)전하가 있다. ④이 (+)전하는 올라가면서 내려오는 (−)전하와 만나 강한 전류를 만들면서 구름으로 올라간다. 이렇게 구름에서 (−)전하가 땅으로 내려오거나 땅에서 (+)전하가 올라가는 과정을 몇 차례 반복하는 과정이 눈에 보이는 벼락이다. 블라디미르 라코프(Vladimir A. Rakov)와 마틴 우먼(Martin A. Uman)의 『번개 : 물리학과 효과 *Lightning: Physics and Effects*』(2007)에 따르면, 실험결과 반복 과정이 2~25번 정도 이루어지는데, 평균 5~6번 정도 반복을 한다. 강한 바람에 의해 구름의 아랫부분이 날려가서 구름의 위층에만 (+)전하가 남아 번개가 치는 경우도 있다. 그러나 대부분의 번개는 앞의 과정으로 일어난다.

▲ 번개는 정전유도, 구름과 지표면, 구름과 구름 사이의 전압차 등으로 발생하는 전기 현상이다.

번개를 이끄는 피뢰침

프랭클린으로 인해 번개가 정전기의 일종이라는 사실이 알려졌고, 피뢰침의 발명으로 사람들은 번개의 피해로부터 어느 정도 벗어날 수 있었다. 당시에도 끝이 뾰족한 도체가 전하를 훨씬 더 잘 방출한다는 사실을 알고 있었다. 그래서 피뢰침의 끝을 뾰족하게 만들거나 삼지창처럼 만들었다.

여기에 얽힌 재미있는 일화가 하나 있다. 영국의 왕이 프랭클린의 피뢰침 모양을 싫어했기 때문에 생긴 일이다. 그는 과학자들에게 피뢰침을 둥근 원판 모양으로 만들게 하고 학문적으로 증명까지 요구했다. 그러자 과학자들은 "과학은 진실을 말할 뿐"이라며 거절했다는 일화가 있다.

그러나 최근에는 피뢰침의 끝이 뾰족해야 한다는 정설에 이견이 제시되었다. 지난 2008년 미국의 랭미어 대기연구실험실(Langmuir Laboratory for Atmospheric Research)은 다양한 모양의 피뢰침으로 실험한 결과, 지름이 12.7~25.4밀리미터의 피뢰침이 뾰족한 피뢰침보다 벼락을 훨씬 더 잘 빨아들인다는 결과가 나타났다고 발표했다. .

번개가 내리치는 것을 결정하는 요인은 주위보다 더 높은 위치에 있느냐에 달려 있지 피뢰침의 모양이나 끝의 뾰족함이 아니다. 랭미어 대기연구실험실에 따르면 피뢰침이 달려 있는 건물의 옆에 있는 나무에 벼락에 맞는 경우가 더 많았다고 한다. 그러나 일단 벼락이 떨어진다면 상황이 달라진다. 벼락이 건물 위로 떨어질 때 피뢰침이 있다면 전하가 피뢰침을 따라 땅으로 안전하게 이동하기 때문에 건물 안의 피해는 줄일 수 있다. 피뢰침은 벼락을 피하는 장치가 아니라 벼락을 유도하여 이끄는 장치라는 걸 알아 두자.

내 머리도
피뢰침이 될까?
말도 안 돼~

건물 위에 설치하는 피뢰침

돌침형, 새장형, 이온방사형 피뢰침

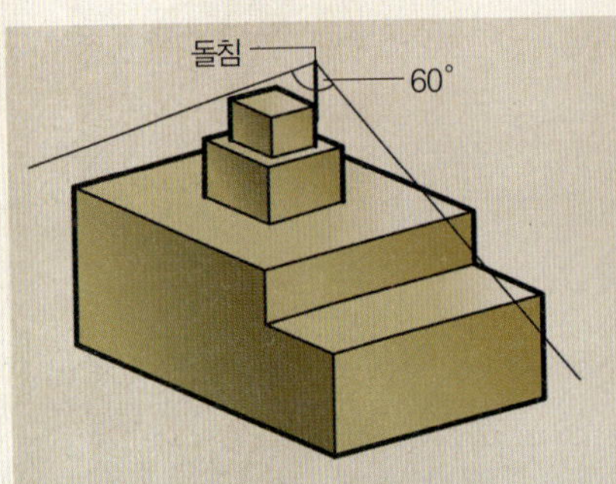

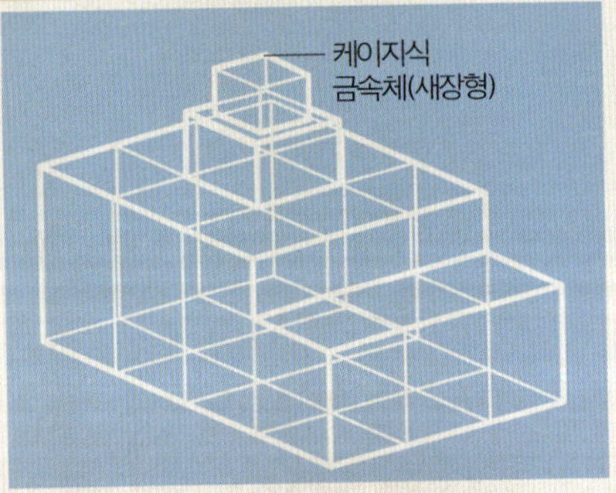

▲ 돌침형 피뢰침. 피뢰침을 건물의 뼈대에 해당하는 금속 재질과 연결하면 사이 공간은 벼락에 상당 부분 보호를 받는다.

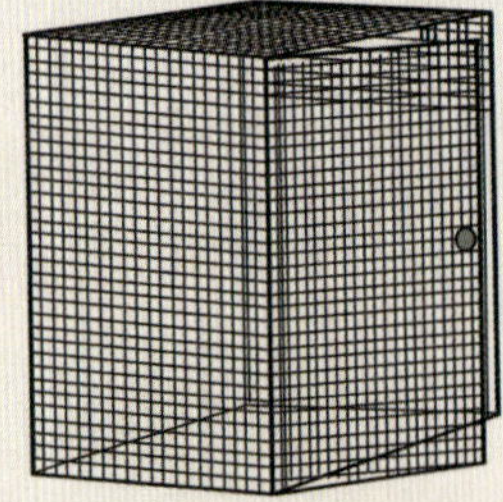

▲ 페러데이 정전 새장형 피뢰침 : 속이 꽉 찬 도체 대신에 새장처럼 만들어도 외부에서 벼락이 안으로 들어올 수 없다.

요즘에는 주위보다 20미터 정도만 높은 건물이 있어도 피뢰침 설치를 의무로 하고 있다. 이는 설치 법령에 자세히 규정되어 있다. 현재 많이 사용하고 있는 피뢰침으로는 세 가지 정도의 종류가 있다. 프랭클린이 고안했던 '돌침형' 피뢰침과 '패러데이 정전 새장형' 피뢰침, '이온방사형' 피뢰침이다.

패러데이 정전 새장형 피뢰침은 건물의 외부를 새장처럼 여러 가지 도체로 만든 금속으로 감싸고 한쪽을 접지시킨 피뢰침이다. 지붕 부근을 도체로 촘촘히 그물처럼 망을 짜야 하지만 바깥 골조 구조가 금속으로 되어 있다면 특별히 설치를 하지 않아도 새장과 같은 효과가 있어 번개로부터 보호가 된다.

* 돌침(突針) : 벼락으로부터 보호를 해야 할 건물이나 물체보다 최소한 25센티미터 이상 튀어나오는 금속을 사용해야 한다는 규정에 따라 만든 피뢰침의 금속 부분.

능동적인 피뢰침

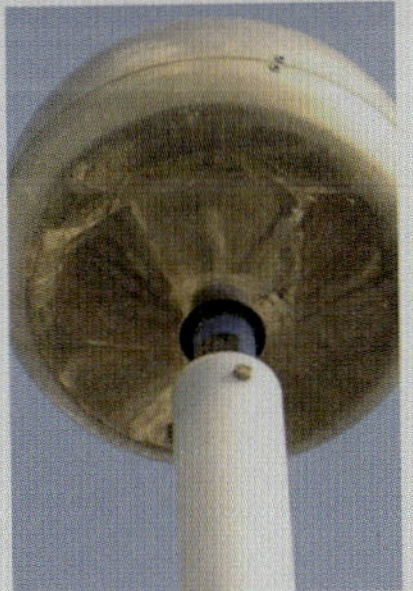

▲ 이온방사형 피뢰침

벼락에 대한 연구가 진척되면서, 벼락이 칠 때 구름에서 내려오는 (−)전하와 만나는 (+)전하가 지표면 위로 올라가는 현상을 이용하여 미리 전하를 쏘아 올리는 피뢰침이 개발되었다. 이를 이온방사형 피뢰침이라고 한다. 벤저민 플랭클린 이후 보급된 돌침형 피뢰침은 벼락이 떨어질 때 주위보다 더 높은 곳에 있는 물체를 찾는다는 성질을 이용하여 벼락의 피해를 줄여 주는 수동형의 피뢰침이었다. 그러나 이온방사형 피뢰침은 구름에서 탐색 전하가 내려올 때 (+)전하를 쏘아 올려 주어 벼락을 유도하므로 능동형 피뢰침이라고 할 수 있다. 몇 개의 이온 방사형 피뢰침을 건물 옥상에 설치하면 수동적인 돌침형 피뢰침보다 훨씬 더 넓은 범위에서 벼락을 끌어들이므로 건물을 보호하는 범위가 넓다고 한다. 그렇지만 피뢰침의 역할에 대하여 회의적인 과학자들은 능동형 피뢰침의 효과에도 의문을 품고 있다.

벼락을 없애는 피뢰침 가능할까?

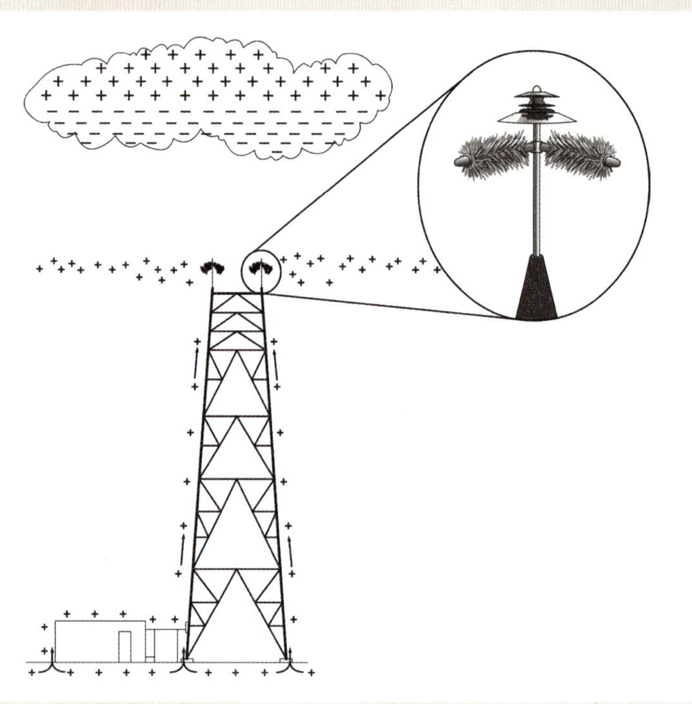

▶ 쌍극자 방전 분산형 피뢰침. 전하를 공간으로 분산시켜 벼락이 떨어지지 않도록 막는다.

최근에는 피뢰침 부근의 전하를 공간으로 분산시킴으로써 벼락 자체가 떨어지지 않도록 막는 '쌍극자 방전 분산형' 피뢰침이 만들어졌다. 아랫부분이 (−)전하로 강하게 대전된 구름이 다가오면 정전유도로 인해 지표면은 (+)전하로 대전되고 높은 건물이나 나무 끝에는 (+)전하가 모여 있어 구름에서 (−)탐색 전하가 내려오면 위로 올라가 벼락을 끌어들이는 역할을 한다. 따라

서 건물이나 높은 곳에 있는 (+)전하를 모여 있게 하지 않고 사방으로 미리 분산시키면 벼락이 떨어지는 것을 막을 수 있다. 이런 역할을 하는 피뢰침을 '쌍극자 방전 분산형' 피뢰침이라고 한다. 하지만 쌍극자 방전 분산형 피뢰침의 효과가 명확히 증명된 것은 아니다. 국제낙뢰보호회의(ICLP)에서 많은 과학자들은 쌍극자 방전 분산형 피뢰침이 과연 효과적인지에 대해 한바탕 논쟁을 벌인 바 있다.

효과적인 패러데이 새장

도체에는 자유전자가 있으나 전체는 항상 중성이다. 내부에서 조금이라도 전하의 균형이 깨지면 자유전자가 외부에서 작용하는 원인을 없애는 방향으로 움직인다. 그래서 도체 내부는 전기장이 존재하지 않는다. 만약 도체 외부에서 전하를 준다면 남는 전하는 항상 도체의 표면에만 존재한다. 도체 내부에 공간을 마련한다면 외부에서 준 전하는 도체를 통과하여 내부로 들어갈 수 없으므로 도체 내부의 빈 공간에는 어떤 전기장이라도 뚫고 들어갈 수 없다. 도체를 새장처럼 촘촘히 짠다면 도체와 도체 사이는 거의 같은 전기장을 형성하므로 새장 안에는 외부의 전하가 들어갈 수 없다. 이렇게 만든 새장을 '패러데이 새장'이라고 한다. 벼락이 치는 날 자동차 안은 안전하다.

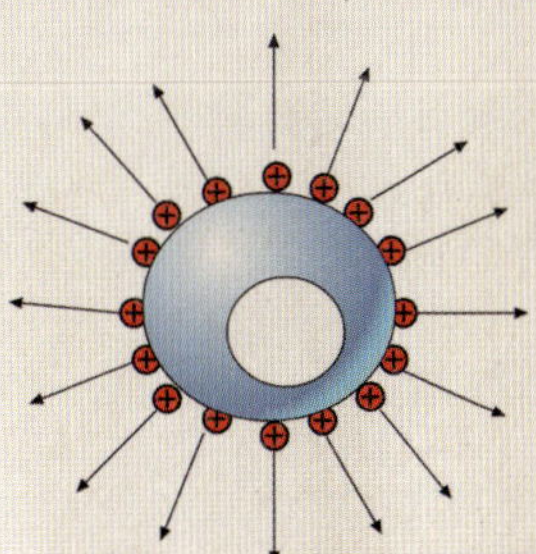

▲ 외부에서 준 전하는 항상 도체의 표면에만 존재하고 도체 안의 빈 공간으로 들어가지 못한다.

▲ 자동차는 금속으로 만들어져 있기 때문에 자동차 내부는 새장처럼 보호를 받는다.

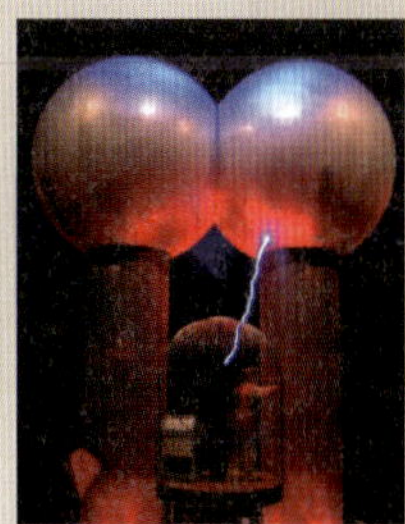

▲ 거대한 정전기 발생장치로 고압의 전기를 만들면 방전 불꽃이 철창으로 튀지만 안에 들어 있는 사람은 안전하다.

정전기, 방전을 이용하라

만일 옷을 입었을 때 정전기 때문에 여간 성가신 게 아니라면 간단한 생활의 지혜를 응용하자. 바지 밑단이나 치마 끝에 작은 금속으로 만든 집게를 물리면 전하가 도체에서 방출하여 정전기 때문에 유도되는 전압이 내려간다.

제트 여객기는 상공을 날 때 날개와 공기 간의 마찰에 의해 정전기가 비행기 표면에 모일 수 있기 때문에 날개 끝에 방전을 하도록 침을 달아 놓는다. 이런 방전침은 비행기가 번개를 맞았을 때도 전하를 재빨리 공기 중으로 방출하는 역할을 하기도 한다.

전기풍차도 방전을 이용한 것이다. 많은 전하가 뾰족한 곳으로 빨리 방전할 때면 반작용으로 침을 뒤로 밀리게 한다. 이런 효과를 잘 이용하여 뾰족한 침을 대칭으로 풍차 모양으로 만들고 가운데를 매달아 전하를 대전시키면 풍차가 회전한다.

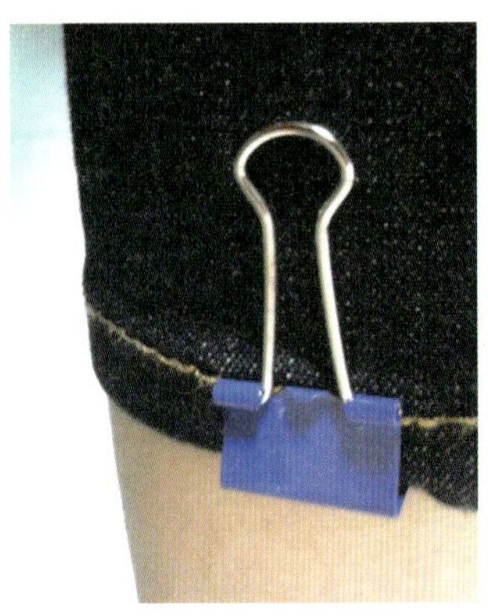

▲ 청바지 끝에 클립을 물려 놓아도 정전기 때문에 생기는 전압을 낮출 수 있다.

▲ 보잉-777 비행기 앞날개 끝에 있는 방전침

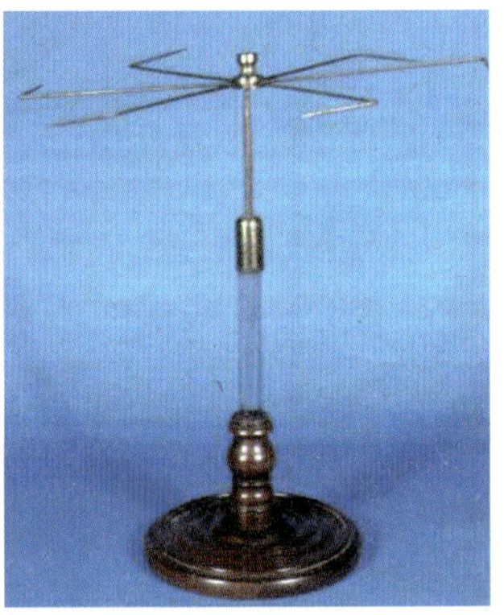

▲황동으로 만든 전기풍차. 반데그라프 발전기나 윔즈허스트 장치로 고전압을 발생시키고 전선을 풍차에 연결시키면 풍차가 회전을 한다. 대칭을 이루고 있는 침들끼리 뾰족한 곳으로 전하가 방전되면서 그 반작용으로 침이 뒤로 밀리기 때문이다.

왜 전하는 뾰족한 곳에 더 많이 모여 있나?

외부에서 온 전하는 도체의 표면을 따라 분포한다. 같은 전하끼리는 서로 미는 힘이 작용하기 때문에 될 수 있으면 멀리 떨어지려고 한다. 표면이 평평하면 미는 힘은 면과 수평 방향밖에 없으므로 멀리 떨어져 있어야 한다.

그러나 표면이 뾰족한 곳으로 갈수록 전하끼리 미는 힘이 면과 수평 방향 성분과 수직 방향 성분으로 갈라진다. 면과 수평 방향 성분은 점점 적어지고 수직 방향 성분이 커지므로 표면이 뾰족할수록 전하들이 더 가까이 몰려 있을 수 있다. 전하들이 가까이 몰려 있으면 서로 미는 힘이 증가하나 수직 성분이 증가하여 어느 한계를 넘어서면 전하끼리 작용하는 힘이 전하를 표면에서 떨어지게 한다.

이런 이유 때문에 도체의 끝을 뾰족하게 만들어 전하의 방출을 쉽게 한다.

피뢰침의 끝을 뾰족하게 만들면 강한 전기장이 유도될수록 많은 전하를 방출하여 전압을 낮추기 때문에 번개가 치는 것을 막아 줄 수 있다. 또 번개가 가까이 떨어질 때 유도 전하를 방출하여 번개를 끌어당기는 역할도 한다. 그러나 피뢰침의 끝이 뾰족하기 때문에 번개가 내리치는 것을 줄인다는 설명은 명확히 확인된 사실은 아니다.

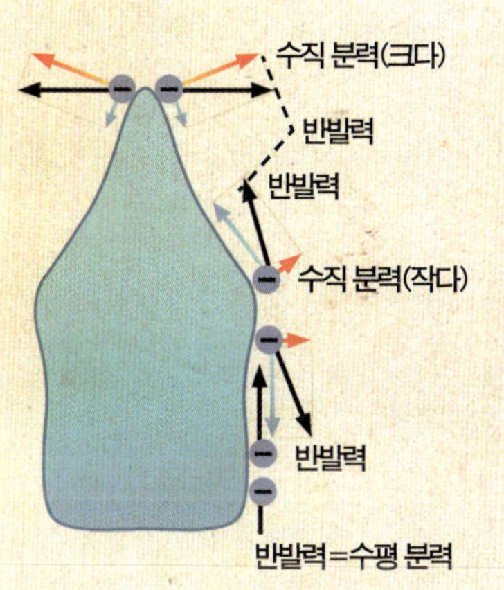

다재다능한 정전기

정전기를 이용한 것들에는 무엇이 있을까? 가장 일상적인 물건으로는 비닐랩을 꼽을 수 있다. 비닐랩은 정전기 때문에 물건의 표면에 잘 달라붙는다. 화장품에서도 정전기를 이용한 사례를 찾아볼 수 있다. 어떤 파운데이션 제품은 피부에만 달라붙고, 머리카락이나 눈썹에는 묻지 않는다. 컴퓨터의 키보드를 청소하는 전기 집진기도 정전기를 이용한 대표적인 물건이다. 그러면 이들 물건들이 어떻게 정전기를 이용하는지 한번 알아보자.

계속 돌아가는 정전기 모터

기계에 사람이 에너지를 주어 전기를 발생시키는 장치들도 있지만 전기를 이용하여 기계를 움직이게 만드는 장치도 있다. 앞에서 본 전기풍차도 전하를 주었을 때 회전하여 운동에너지를 얻는 장치다.

최초로 전기 모터(전동기)를 고안한 사람은 전자기유도를 발견한 영국의 마이클 패러데이(Michael Faraday, 1791~1867)였다. 1821년 페러데이는 전류가 흐르는 도선 주위에 자석이 회전하도록 만들었지만 실험실 수준을 넘어서지는 못했다. 1834년에서야 비로소 러시아의 기술자 모리츠 야코비(Moritz von Jacobi, 1801~1874)가 실제로 사용할 수 있는 수준의 모터를 만들었다.

프랭클린은 1748년 영국의 왕립협회 회원인 피터 콜린슨에게 편지로 정전기 모터에 대하여 자세히 설명하였고, 이후 웨스트버지니아 대학의 올레그 제피멩코(Oleg Jefimenko, 1922~2009)가 이를 재현하였다.

유리 막대로 풍차의 날개처럼 만들고 끝에는 골무처럼 황동으로 씌운 다음 마찰이 아주 적은 베어링으로 받쳐서 조그마한 자극에도 잘 회전하도록 만들었다.

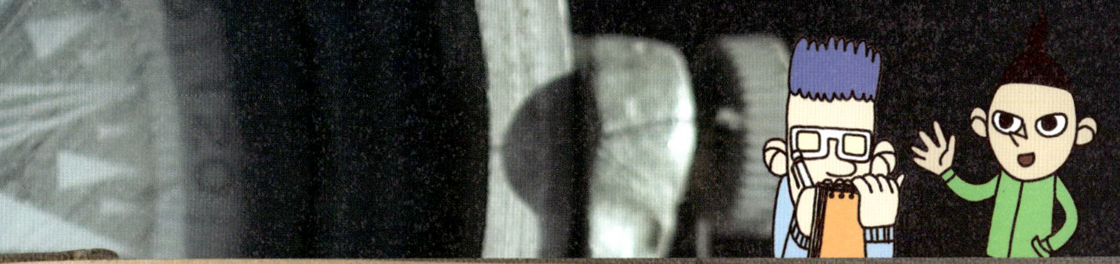

프랭클린은 이 정전기모터에 불만을 가졌다. 왜냐하면 1분에 50회전 정도로 돌 뿐이었고, 전기를 주었을 때 스스로 회전을 시작하지 않고 처음에 손으로 돌려 주어야 하기 때문이다.

또 정전기 모터는 계속 정전기를 만들어 축전기에 충전을 시켜야 하므로 습도의 영향을 많이 받았다. 또 전기력으로 회전을 시키므로 회전력을 이용하여 다른 기계장치를 작동시키기에는 출력이 아주 낮았다. 그래서 나중에 전자기유도를 이용하는 전기모터가 등장하자 동력장치의 자리를 내주었다.

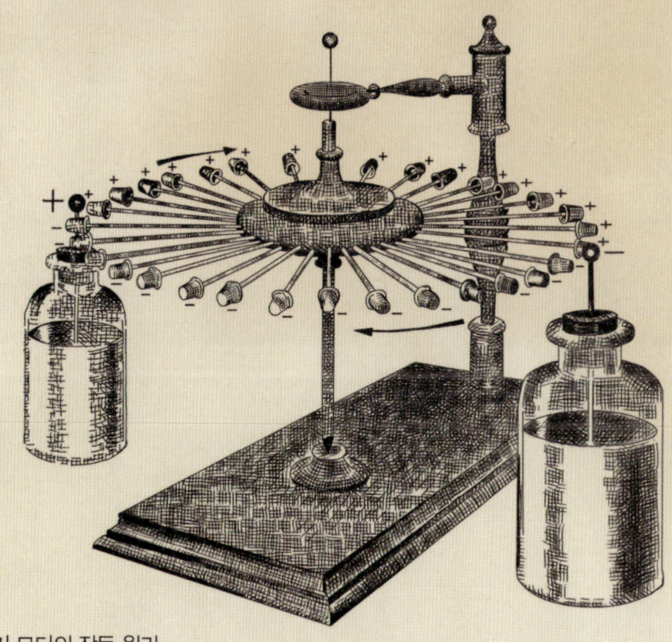

▲ 정전기 모터의 작동 원리
- 라이덴병을 두 개 이상 설치하여 가까이 있는 병과는 반대 전하로 대전시킨다.
- 처음에 손으로 모터를 돌려 주면 금속박의 전하와 라이덴병 끝이 반대 전하이므로 끌어당긴다.
- 금속박이 라이덴병의 전극에 가까이 다가오면 불꽃 방전을 한 후 지나갈 때 같은 전하로 대전시킨다.
- 한쪽의 라이덴병을 지나갈 때 대전된 전하는 다음에 오는 라이덴병의 전극과 반대 전하이므로 서로 끌어당긴다.
- 이런 과정을 계속하면서 라이덴병에 모여 있는 전하가 없어질 때까지 정전기 모터는 계속 돌게 된다.

잘 달라붙는 비닐랩

비닐랩이 물건에 잘 달라붙는 데에는 두 가지 이유가 있다. 비닐랩은 탄력성이 있어 본래의 크기로 돌아가려는 경향이 있고 정전기를 띠고 있어 물건에 밀착할 수 있다. 비닐랩의 탄력성은 폴리에틸렌 분자가 반복적으로 연결되어 있는 분자 구조 때문이며 접착성은 얇은 플라스틱 막에서 생긴다. 이는 플라스틱 막들이 정전기를 얻기 때문이다. 플라스틱 막은 마찰을 통하여 인접한 플라스틱 막이나 다른 물질의 표면으로부터 전자의 위치를 바꿈으로써 (−)전하를 얻을 수 있다. 다른 물질의 표면은 전자를 잃어 (+)전하를 띠게 되며, 전기적 인력에 의하여 비닐랩이 물질에 붙는다.

정전기를 이용한 화장품

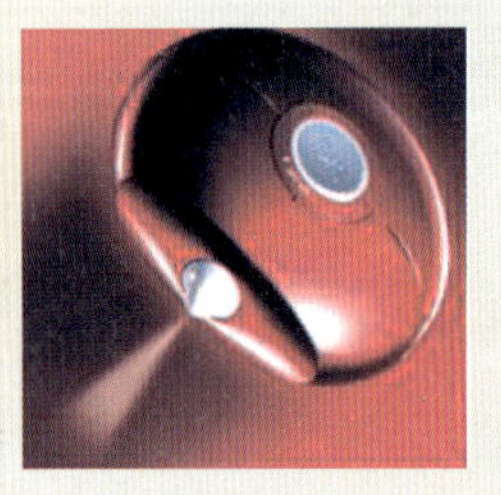

스프레이형 화장품이 여성들 사이에 인기를 끌고 있다. 이 제품은 정전기 현상을 이용한 파운데이션 제품이다. 스프레이로 뿌리면 화장품이 작은 물방울 형태로 나가면서 (+)전하로 대전이 된다. 피부는 (−)전하를 가지고 있으므로 작은 화장품 알갱이가 피부로 끌려가서 고르게 달라붙는다. 피부에 비해 상대적으로 건조한 머리카락이나 눈썹은 화장품 알갱이가 끌려가지 않으므로 화장품이 묻지 않는다.

전기 집진기

노트북을 청소할 때 진공청소기로 키보드나 모니터의 먼지를 제거하는 방법도 있지만 더 간단한 방법도 있다. 플라스틱이나 비닐로 솔을 만든 먼지떨이로 문지르면 사이 사이에 있던 먼지들이 달라붙는다. 먼지와 같은 부도체가 전기장에서 유전분극(29쪽, 33쪽 참조)이 일어나 대전체에 달라붙기 때문이다.

1905년 미국의 프레더릭 코트렐(Frederic Cottrell, 1877~1948)이 직류 고전압을 이용하여 공장의 매연에 포함되어 있는 유해물질이나 먼지를 제거하는 방법을 고안했다. 교류는 전자기유도를 이용하여 고전압을 얻을 수 있지만 먼지를 제거하려면 전극이 자주 바뀌어 한쪽으로 분류를 할 수 없으므로 직류 고전압을 주어

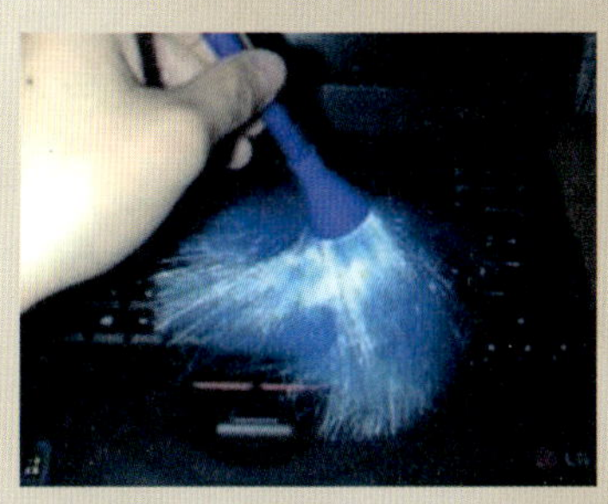

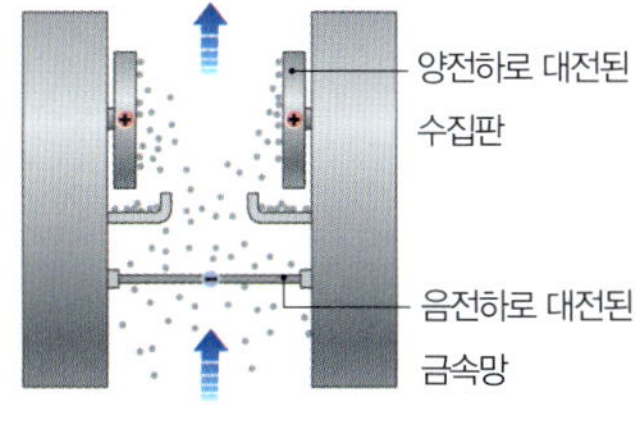

▲ 연기 입자를 포함하고 있는 배출가스

야 했다. 대기를 오염시키는 먼지나 유해물질 제거에 정전기를 이용한 집진기는 대단히 유용하다. 집진기는 구조가 간단할 뿐 아니라 고장이 별로 없어 유지비도 적게 든다. 또 정전기력을 이용하므로 고체와 액체를 가리지 않고 대부분의 미립자들을 모을 수 있다. 사용할 때 높은 전압을 주어야 하지만 전류는 약하다. 결과적으로 소비하는 전체 전력은 아주 적기 때문에 에너지 절약을 할 수 있다.

복사기

과거 인쇄술이 발달하기 전에는 모든 책들을 일일이 손으로 썼다. 우리 조상들은 좋은 책이 있다는 말을 들으면 몇 십 리를 걸어가서 손으로 베꼈다는 일화가 있을 정도로 문서나 서류 상태로 보관하는 일을 소중하게 여겼다. 그러나 필사본(붓이나 펜 등의 필기구로 종이에 옮겨 쓴 책)은 원본과 똑같은 형태로 보관할 수 없을 뿐만 아니라 베껴 쓰는 과정에서 틀리게 옮길 수 있고 어떤 경우는 의도적으로 문장이나 글자를 수정하거나 뺄 수 있었다.

사진기를 이용하여 복사하는 기술은 1836년 프랑스의 루이스 자크 망데 다게르(Louis Jacques Mandé Daguerre, 1787~1851)가 사진술을 발명한 이후의 일이다. 사진기로 찍어 문서를 보관하는 과정은 복사 기술을 완전히 다른 수준으로 바

종이 복사기의 원리

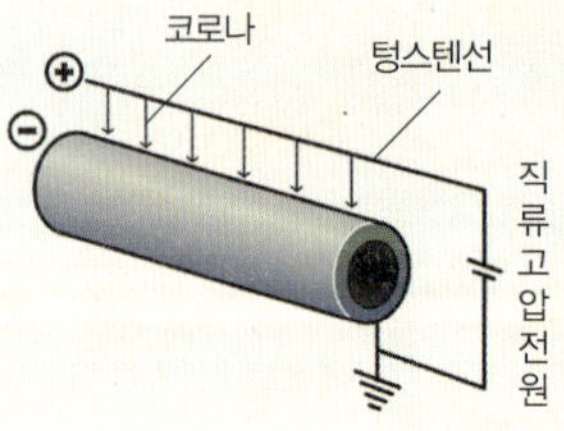

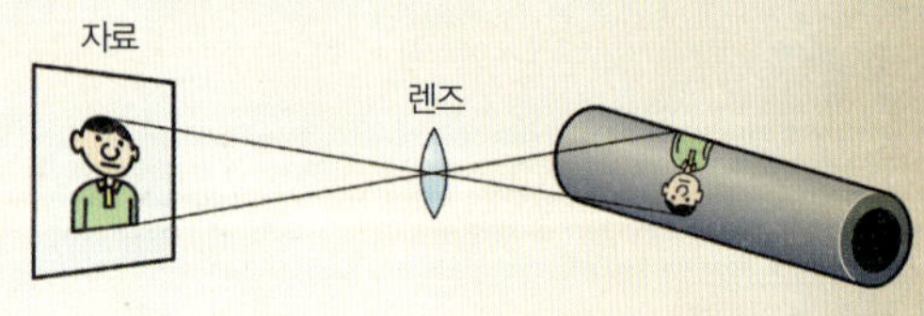

① **대전** : 원통 위의 텅스텐선에 강한 전압을 주어 방전시키면 전선 아래에 있는 셀레늄의 원통이 (+)전하로 대전된다.

② **빛을 쬠** : 자료의 상이 원통 위에 맺히면 빛이 닿는 곳은 도체가 되어 전하가 사라지고 빛이 닿지 않는 곳은 (+)전하가 남는다.

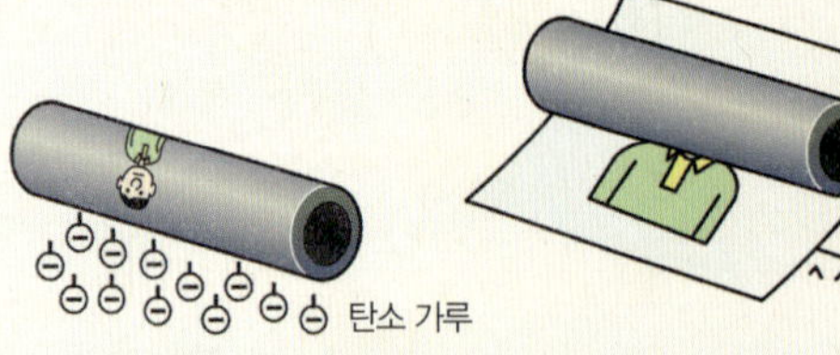

③ **현상** : 마찰전기로 탄소 가루(토너)에 (−)전하를 주어 원통에 뿌리면 (+)전하가 남아 있는 곳에만 탄소가루가 묻는다.

④ **전사** : 종이를 원통 사이로 넣고 강한 (+)전하로 대전시키면 원통에 묻어 있던 탄소 가루가 종이로 그대로 옮겨온다.

⑤ **정착** : 수지 성분으로 코팅된 탄소 가루가 묻어 있는 종이를 열을 가한 롤러 사이로 통과시키면 종이에 탄소 가루가 고정이 된다.

꾸었다. 요즈음 박물관에서는 옛날 문서나 책을 대부분 사진 기술을 이용하여 일반 인들에게 공개하는 영인본을 선보이고 있다.

그러나 사진기를 이용하여 복사하는 일은 번거롭다. 오늘날처럼 복사를 마음대로 할 수 있게 된 것은 1936년 미국의 체스터 칼슨(Chester Carlson, 1906~1968)이 정전기를 이용한 복사기를 발명한 덕분이다.

복사기 안에는 원통 모양의 드럼이 있고 표면에는 반도체 성분인 셀레늄(selenium)이 있다. 높은 전압을 걸어 주면 표면은 (+)전하를 띠고 있다가 빛이 닿으면 반도체의 성질 때문에 (-)전하로 바뀐다. 종이에 강한 빛을 쬐어 반사를 시키고 거울을 이용하여 반사한 부분이 드럼에 닿게 한다. 흰색은 그대로 반사하여 빛이 드럼에 닿고 글자가 있는 검은 부분은 종이가 빛을 흡수를 하여 드럼에 닿지 않는다. 따라서 글자가 있는 부분은 드럼에서 (+)전하로 계속 남아 있고 흰색 부분은 빛을 받아 (-)전하를 띠게 된다.

토너라고 부르는 흑연 입자에 (-)전하가 대전되도록 하여 드럼에 뿌리면 계속 (+)전하를 띠고 있는 글자 부분에 전기력의 인력에 의해 토너 가루가 달라붙는다. 복사를 할 종이에 (+)전하를 대전시켜 드럼 쪽으로 보내면 드럼의 글자 부분에 달라붙어 있던 (-)전하를 띠고 있는 토너 가루가 떨어져 나와 종이에 달라붙는다. 토너 가루가 붙어 있는 종이를 다른 곳으로 보내 강한 열을 주어 누르면 토너에 있던 플라스틱 성분이 녹아 종이에 흑연 가루가 고정이 된다.

마찰전기를 한번 모아 볼까?

게리케, 헉스비, 놀레 신부가 만든 마찰전기 장치로는 충분한 전기를 얻어 낼 수 없었을 뿐 아니라, 만들어 낸 전기를 저장할 수도 없었다. 과학자들은 마찰전기와 방전을 통해 생긴 유리구 속의 빛을 오래도록 지속시키고 싶어 했다. 뮈셴브루크와 클라이스트가 발명한 라이덴병이 주목을 받았던 것은 이 때문이다. 뮈셴브루크와 클라이스트는 거의 같은 시기에 독자적으로 라이덴병을 발명했다. 과학자들은 라이덴병으로 기존보다 많은 전기를 저장했다가 사용할 수 있었다.

▲ 라이덴병을 만든 뮈셴브루크

뮈셴브루크의 라이덴병

아주 우연하게 뮈셴브루크는 라이덴병을 발명했다. 마찰전기 실험을 하던 어느 날, 뮈셴브루크는 유리병 속에 넣은 철사를 만졌다가 강한 충격을 받았다. 뮈셴브루크는 마찰전기가 물이 담긴 유리병 속에 모아져 있었다는 것도 모르고 철사를 만졌고, 그러자 유리병 속에 저장돼 있던 전기가 뮈셴브루크의 몸을 통해 방전됐던 것이다.

최초의 축전기, 라이덴병

최초의 축전기인 라이덴병. 뮈셴브루크가 라이덴병을 발명한 이후, 라이덴병의 모습은 발전을 거듭했다. 요즘에도 실험실에서 사용되는 라이덴병은 주석으로 유리병 안팎을 덮어 씌워서 만든다. 병마개는 부도체로 만들고, 가운데에 구멍을 뚫어 도체를 라이덴병 속으로 넣는다. 병으로 들어간 도체를 주석에 닿게 한 다음, 대전된 물체를 도체에 닿게 하면, 전기가 도체를 통해 흘러 들어가 주석에 저장된다.

축전기

현대 사회의 여러 가전제품에 사용되는 축전기는
두 개의 금속판으로 이루어진다. 금속판을 가까이
에 놓고 전원을 연결하면, 흘러나온 전자들이 음극
에 연결된 금속판에 쌓여 전기가 저장된다. 전기를
저장할 때 두 금속판은 접촉해서는 절대 안 된다. 축
전기에 모은 전기를 사용하려면, 두 금속판을 전선
으로 연결하면 된다. 그러면 전자가 흘러 나가면서
방전이 일어난다.

"뮈셴브루크는 프랑스를 다 준다고 해도
전기 충격은 다시 받고 싶지 않다고 했어요.
너무나 고통스러운 경험이었기 때문이에요.
그래서 그는 전기를 저장하는
실험이 대단히 위험하니 함부로 해선
안 된다고 주장했어요."

05 전기로 세상을 바꾸다

1 청개구리처럼 생각하라 / **2** 볼타전지, 전기 시대를 열다 / **3** 배터리는 역사를 지니고 있다

전기를 발견하고 모으긴 했는데, 그것을 어떻게 필요할 때마다 꺼낼 수 있게 되었을까? 타임캡슐을 뒤적거리다가 개구리 실험 노트가 나와서 한참을 들여다보았다. 개구리의 근육이 잘려지고 전기 충격을 줘서 개구리가 무척 불쌍했지만 말이다. 전기 충격으로 개구리의 넓적다리가 떠는 모습이 꿈에 나오지 않아야 할 텐데……. 새롭게 알게 된 사실은 그 실험을 통해 전기 시대가 열렸다는 점이었다.

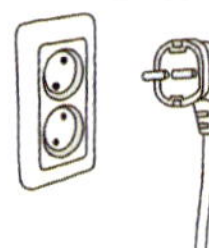

1. 청개구리처럼 생각하라

수많은 개구리에게 가한 전기 충격은 결국 전기와 금속과의 밀접한 관계를 알려 주었다. 유럽에서는 개구리 실험이 대유행해서 개구리를 구하기 어려울 정도였다고 한다. 처음에는 생물 조직 자체에 전기가 흐른다는 '동물전기' 이론이 널리 퍼졌는데, 이후 볼타에 의해 '동물전기' 이론의 오류가 증명되었다.

개구리 근육에서 전기를

'남과 다르게 생각하기'로 새로운 전기 시대의 막을 연 사건에 대해서 알아보자. 이탈리아 볼로냐 대학의 해부학자인 루이지 갈바니(Luigi Galvani, 1737~1798)는 1780년경 학생들과 함께 개구리의 근육을 잘라 내서 전기 충격을 가하는 실험을 하고 있었다. 갈바니는 마찰전기를 일으킬 수 있는 장치와 라이덴병, 방전 고리를 이용하여 전기 충격을 줄 때 개구리의 근육이 어떻게 반응하는가를 관찰하였다.

그때 놀라운 일이 일어났다. 학생들이 마찰전기를 일으킬 때 등뼈 신경이 남아 있는 개구리에 칼날을 접촉하면 다리 근육이 경련을

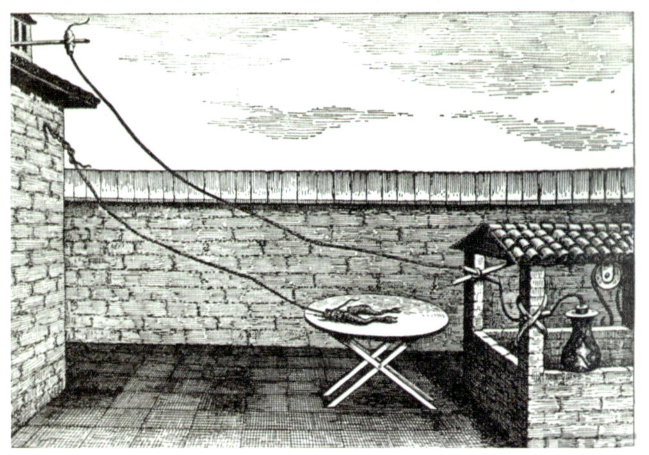

▲ 발코니에서 한 전기 실험. 번개가 칠 때 전기가 모아지는가를 알아보기 위해 금속줄을 안테나처럼 발코니에 치고 한쪽 끝을 개구리 표본이 들어 있는 병의 금속구에 연결시킨다(위쪽 금속줄). 아래쪽에는 금속줄을 벽에 걸어 놓고 끝에는 탁자 위에 놓여 있는 개구리의 근육에다 묶어 놓는다.

하듯이 수축하는 현상을 발견한 것이다. 마찰전기를 일으키지 않을 때는 아무리 칼날을 접촉해도 근육이 움직이지 않았다. 갈바니는 칼이 안테나 역할을 하여 전기를 만드는 장치로

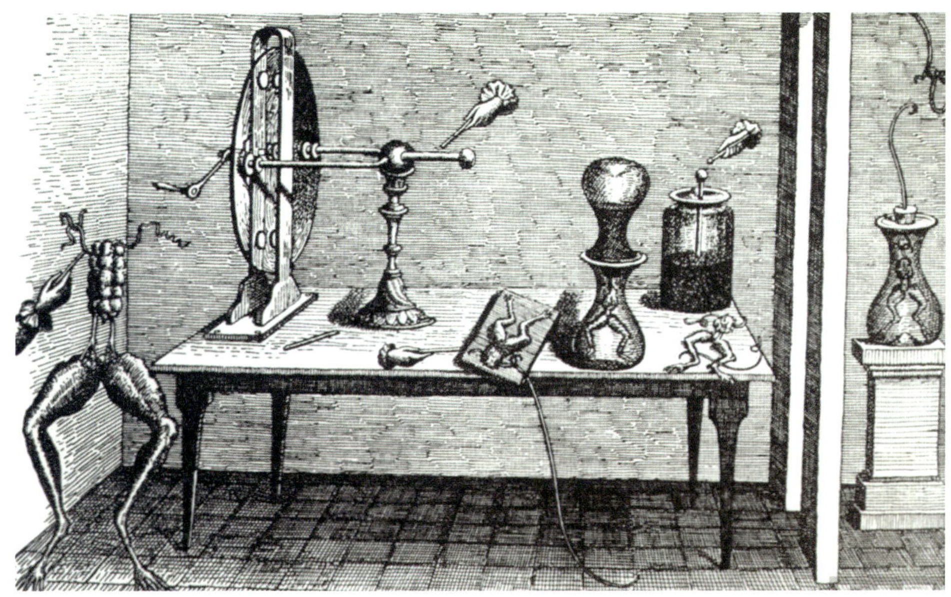

▲ 갈바니의 실험실 : 왼쪽에는 척추와 다리 근육을 남긴 개구리, 옆에는 마찰전기를 발생시키는 장치, 한쪽을 접지시킨 쇠줄로 묶인 개구리의 근육, 개구리 근육을 보관하는 병, 전기를 모아 두는 장치인 라이덴병 등이 있다.

부터 전기를 받아들인다고 생각하고는 방 앞에 있는 발코니에서 실험을 하였다.

금속으로 만든 줄을 개구리의 한쪽에 연결하여 번개가 칠 때 안테나처럼 전기를 받아들이도록 하고 다른 쪽은 성질이 다른 금속으로 개구리의 다리에 연결하고 우물에 잠기도록 하였다. 번개가 칠 때 전기를 받아들이면 개구리의 근육이 움찔거릴 것이라고 짐작했다. 그러나 예상과는 달리 개구리의 근육은 번개와 상관없이 불규칙하게 움직였다.

여러 가지 실험을 하고 나서 갈바니는 어떤 생각을 하게 되었을까? 그는 개구리의 근육에서 전기가 만들어지고, 이런 전기는 '동물전기'로, 인공적으로 만들어 내는 마찰전기나 번개에서 만들어지는 자연전기와는 다른 종류의 전기라고 결론을 지었다. 그리고 1791년 이런 내용을 담은 실험보고서를 발표했다.

동물전기를 발견하다

해부학자 갈바니, 개구리 실험으로 동물 전기의 실체 밝혀

볼로냐 대학의 해부학자 갈바니가 개구리의 근육에서 발견한 전기를 동물전기라고 명명했다. 갈바니는 두 종류의 다른 금속 사이에 개구리의 근육이 끼었을 때 전기가 만들어진다는 사실을 알았으나 해부학자 출신이라 개구리 자체에서 전기가 만들어진다고 결론을 지었다.

갈바니는 유럽 전역을 다니면서 동물전기에 대한 시범을 보여주어 대중적인 선풍을 일으켰다. 당시 유럽은 개구리 실험을 하기 위해 너도나도 서로 개구리를 잡아 개구리가 사라질 정도였다고 한다. 지금쯤 '누가 바퀴벌레나 쥐로 대단한 실험을 하면 좋을 텐데……'라고 생각할 사람이 있을지도 모르겠다. 여하튼 개구리 수난 시대였으나 사람

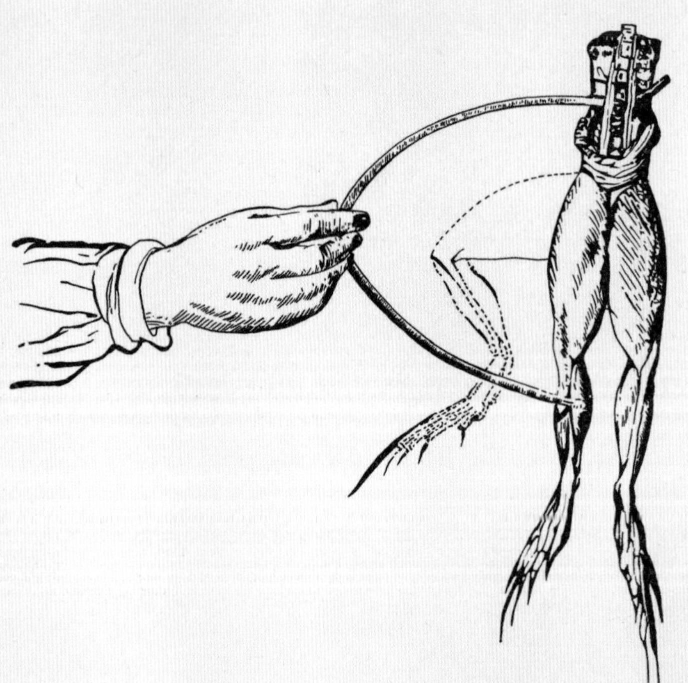

들이 개구리를 잡아들일 때 소설을 쓴 사람도 있었다. 개구리 다리가 떨리는 모습에 충격을 받고 집으로 돌아가 글을 쓴 메리 셸리(Mary Shelly, 1797~1851)라는 작가는 『프랑켄슈타인』이라는

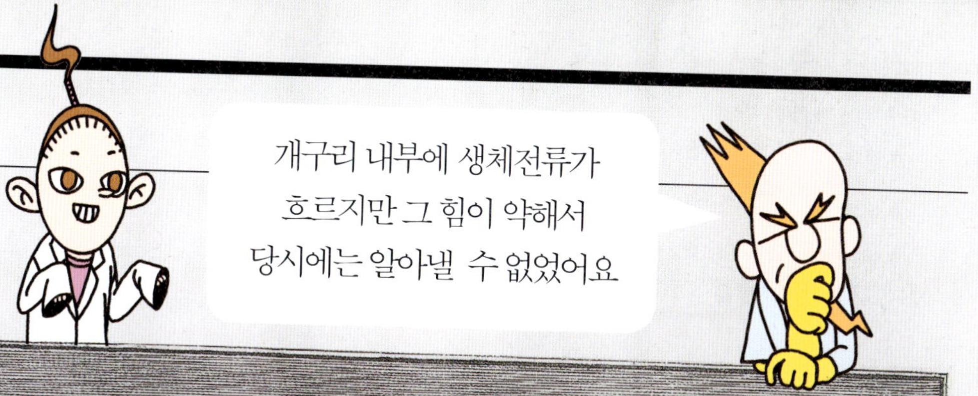

▲ 실험실에서 개구리 실험을 하는 루이지 갈바니. ①개구리의 근육을 각각 다른 용액에 다리처럼 걸어놓고(C, D) 양쪽 잔(B)을 금속(A)으로 연결시킨다. ②개구리의 다리 하나(D) 만 두 개의 금속(A)으로 연결하여 반응을 살핀다. ③두 개의 다른 금속을 개구리의 척추(F)와 다른 근육(G)을 연결시킨다. ④두 사람이 서로 손을 잡고 다른 손에는 각각 다른 금속을 잡고 개구리의 척추(E)와 다리에 접촉시킨다.

소설을 써서 베스트셀러 작가가 되었다. 갈바니와 동물전기의 지지자였던 조카 알디니는 실제로 동물전기가 존재한다는 사실을 보여 주려고 계속 노력하였다. 1794년 그는 수은에 개구리의 신경과 다른 개구리의 다리 근육을 연결했을 때 움직이는 사실을 보여 줌으로써 생물 조직이 전기를 발생시킨다는 것을 증명했다.

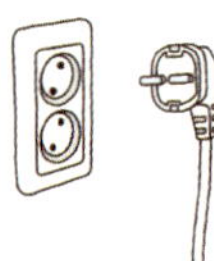

2. 볼타전지, 전기 시대를 열다

무차별한 개구리 실험에서 개구리를 구해 준 사람은 볼타였다. 볼타의 위대함은 전기를 만들어 내서 도선을 따라 전기가 흐르는 전류가 가능하도록 한 점이다. 사실 도선을 따라 흐르지 않은 정전기는 힘이 아무리 세도 별다른 소용이 없었다. 볼타전지는 최초의 화학전지로 오늘날과 같은 전기 시대의 막을 열게 하는 데 결정적인 역할을 했다.

두 금속 사이의 전기

1791년 이탈리아 파비아 대학의 물리교수인 알레산드로 볼타는 갈바니의 보고서를 읽고는 깜짝 놀라 실험을 재현해 보았다. 하지만 이 실험에서 볼타는 갈바니와는 '다른 시각'을 가지게 되었다. 볼타는 갈바니의 이론이 과연 맞는지 확인하고자 수많은 실험을 시도했다. 볼타의 결론은 갈바니의 이론이 옳지 않다는 것이었다. 볼타는 개구리의 근육수축은 동물전기 때문이 아니라 두 종류의 금속 사이에 근육이 놓여 있기 때문에 일어나며 전기는 이 두 금속이 만들어 낸다고 주장했다. 그리고 1794년 무렵 볼타는 두 종류의 금속 사이에 개구리의 다리와 같은 생체 조직이 없어도 전기가 만들어진다는 사실을 알아냈다. 개구리의 수난 시대에 볼타가 희망을 준 셈이다.

▲ 전기 시대를 연 알레산드로 볼타

▲ 최초의 화학전지인 볼타전지

1799년 볼타는 아래에 구리판을 놓고 위에 소금물에 적신 종이를, 그 위에 아연판을 얹어 놓고 다시 소금물에 적신 종이를, 위에 다시 구리판을 놓고 계속 같은 모양으로 12개를 쌓았다. 그리고 아래에 있는 구리판과 맨 위에 있는 아연판을 금속선으로 연결하면 전기가 흐른다는 사실을 증명하였다. 볼타는 이 장치를 '볼타전지(혹은 볼타전퇴, Volta's electric pile)'라고 부르면서 1800년 영국의 왕립학회에 이런 사실을 논문으로 제출하고 나폴레옹 앞에서 시범까지 보였다.

볼타가 만든 전지는 처음에는 갈바니의 동물전기를 부정하는 실험에서 출발하였지만 지속적으로 전기를 만들어 내어 도선을 따라 흐르는 전류를 가능하게 했고, 이를 통해 마찰전기 같은 정전기와는 완전히 성질이 다른 전기를 만들어 내는 데 성공하였다. 볼타전지의 의미는 당시에는 잘 몰랐으나, 볼타전지는 오늘날과 같은 전기 시대의 막을 여는 출발점이 되었다.

▲ 볼타전지. 제일 아래 둥근 아연판에 고리를 만들어 전선을 연결시키면 음극(−)이 된다. 아연판 위에 소금물에 적신 종이를 넣고 그 위에 둥근 구리판을 얹는다. 그 위에 다시 아연판을 얹고 소금물에 적신 종이를 넣고 구리판을 얹는다. 이런 과정을 계속 반복하여 층층이 쌓은 다음 꼭대기에는 구리판이 오게 하고 고리를 만들어 전선을 연결시키면 양극(+)이 된다. 쌓은 금속판이 흩어지지 않게 바깥에 막대 4개로 고정시켜 탑 모양으로 만든다.

▲ 나폴레옹 앞에서 시범을 보이는 볼타

▲ 볼타전지를 2개나 4개를 직렬 연결하면 더 높은 전압을 얻는다.

3. 배터리는 역사를 지니고 있다

마찰전기는 오랫동안 모아 두기가 힘들고 순간적으로 이동해 버리기 때문에 이용하기가 불편하다. 앞에서도 언급했지만, 진정한 전기 시대를 연 것은 볼타전지와 같은 배터리다. 전지는 지속적으로 전자를 발생시키고 전선을 통해 이동시켰다. 배터리와 같은 전지는 금속의 화학반응을 이용하여 전기를 발생시키기 때문에 이때 발생하는 전기를 '금속전기'라고 한다. 마찰전기와 금속의 화학반응을 이용하는 배터리가 어떻게 다른지 살펴보자.

월등한 금속전기

마찰전기는 두 물체를 서로 문질렀을 때, 물체의 표면에 있는 전자가 떨어져 나오거나 다른 전자가 들어와 전하 분리가 일어나는 현상 때문에 생긴다.

전기 현상을 보기 위해서는 우선 전하 분리가 일어나야 한다. 마찰전기에서는 문질렀을 때 전자가 떨어져 나오기 쉬운 정도를 순서대로 나열한 '대전 서열'이 있다. 대전 서열이 다른 두 물체를 서로 문지르면 전자를 잃기 쉬운 정도에 따라 한 쪽은 (+)로, 다른 쪽은 (−)로 전하 분리가 일어난다.

그러면 금속전기는 어떤가? 금속을 용액 속에 넣으면 녹아서 이온으로 변하는 정도가 금속마다 다르다. 흡사 대전 서열처럼 금속이 전자를 잃기 쉬운 순서인 표준전극전위 순서가 있다. 이것이 다른 두 금속을 용액 속에 넣고 서로 연결시키면 한쪽 금속은 (+)이온으로 다른 금속은 (−)이온으로 전하 분리가 일어난다. 두 금속을 서로 도선으로 연결하면 분리되어 쌓였던 전자가 이동한다.

표준전극전위의 상대적 비교
(강함) 리튬(Li) − 칼륨(K) − 바륨(Ba) − 칼슘(Ca) − 나트륨(Na) − 마그네슘(Mg) − 알루미늄(Al) − 아연(Zn) − 크롬(Cr) − 철(Fe) − 코발트(Co) − 니켈(Ni) − 주석(Sn) − 납(Pb) − 수소(H) − 구리(Cu) − 은(Ag) − 수은(Hg) − 백금(Pt) − 금(Au) **(약함)**

볼타전지에서 사용하는 두 금속은 아연과 구리이기 때문에 이온화가 된다면 다음과 같다.

$$Zn \rightarrow Zn^{2+} + 2e^-$$

$$Cu \rightarrow Cu^{2+} + 2e^-$$

그러나 실제로 구리 보다 수소가 이온화가 되기 쉽기 때문에 구리가 반응을 하지 않고 물의 구성성분인 수소가 반응한다.

$$H_2 \rightarrow 2H^+ + 2e^-$$

대전 서열이 다른 두 물체를 문지르면 전자의 이동으로 한 쪽은 (+)로, 다른 쪽은 (−)로 대전되듯이 용액 속에 두 금속을 넣고 서로 도선으로 연결시키면 전자가 이동하여 한쪽은 전자를 잃어 이온으로 바뀌고 다른 쪽은 전자를 받아 이온에서 금속으로 바뀐다.

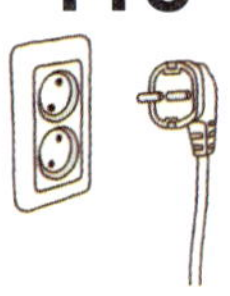

사랑 받은 볼타전지

금속을 이용한 전기의 발생은 마찰전기와 발생하는 원리는 비슷하나 이용할 수 있는 점에서는 아주 달랐다. 볼타가 만든 전지(battery)는 금속이 어떤 용액 속에 녹아 들어가는 정도의 차이를 이용한 '금속전기'다. 처음엔 동물전기 옹호자들이 금속전기를 지지하는 볼타의 주장을 비판했지만 결국 볼타는 전지를 만들었고 1800년 일반에 공개하여 대중적인 지지를 얻었다.

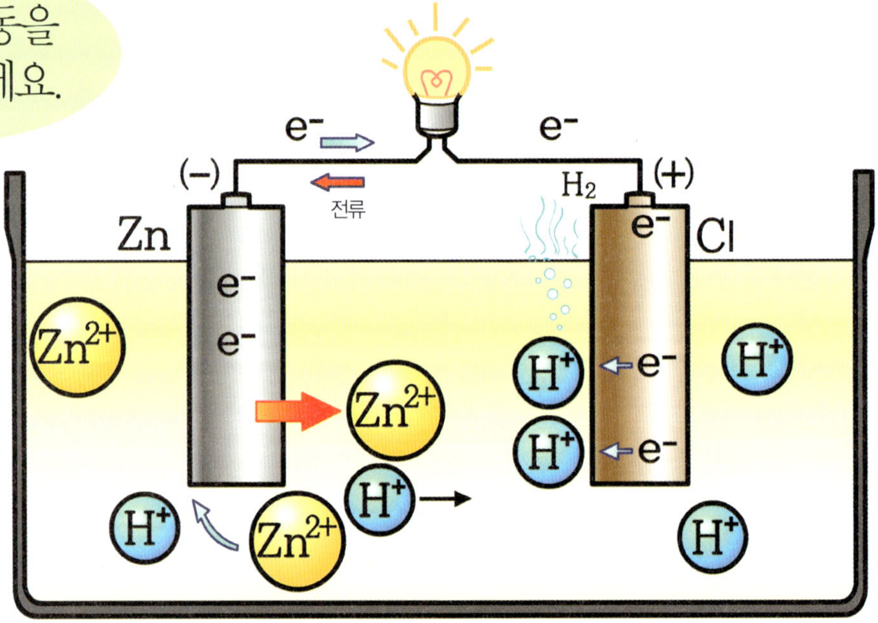

▲ 아연판과 구리판을 용액 속에 넣고 도선으로 연결하면 아연판에 쌓여 있던 전자가 도선을 통해 구리판으로 이동하면서 전류가 흐른다. 이 과정에서 수소 기체가 발생하는데, 그 이유는 아연판이 내놓은 전자가 도선을 통해 구리판으로 이동해 (+)극으로 가서 용액 속에 존재하는 수소 이온이 전자를 받기 때문이다.

레몬으로 전지 만들기

전해질은 이온이 존재하여 전류가 흐를 수 있는 용액이다. 대개 신맛을 내는 산성 용액이 전해질일 때가 많다. 전해질에 두 종류의 금속을 넣고 도선으로 연결하면 전기가 만들어진다. 시큼한 맛이 나서 얼굴이 찌푸려지는 레몬에 구리 성분이 있는 동전과 쇠못을 이용하여 전기를 만들어 보자.

준비물

10원짜리 동전 3개, 쇠못 3개, 클립전선 4개, LED, 칼, 레몬 3개, 접시

실험 방법

1 칼로 레몬 위쪽에 흠집을 내고 10원을 깊숙이 꽂는다.

2 다른 쪽에는 쇠못을 절반 이상 꽂는다.

3 클립전선으로 쇠못을 물고 다른 쪽에는 LED의 긴 다리에 연결한다.

4 다른 클립전선으로 동전의 끝을 물고 다른 쪽으로는 LED의 짧은 다리에 연결한다.

5 LED에 불이 들어오는 것을 보고 약하면 레몬 세 개를 직렬로 실험해 보자.

6 실험이 끝나면 레몬즙을 접시에 짜내고 실험해 보자.

인간전지 만들기

사람도 전류가 흐를 수 있는 도체라고 할 수 있다. 그러면 표준전극전위가 다른 두 개의 금속을 양손에 잡고 있다면 전기를 만들 수 있을까?

1 친구와 함께 손을 소금물에 적신다.

2 젖은 한 손에 알루미늄 포일을 잡고 다른 손으로는 철로 만든 주방용품을 잡는다. (소금물은 금속의 이온화에 필요한 용액이다.)

3 여러 명이 실험을 할 때는 중간에 있는 사람은 서로 손을 잡는다.

4 클립전선으로 알루미늄 포일과 LED의 짧은 다리를, 주방용품과 긴다리를 연결한다

전기를 만드는 방법

전기를 만드는 다양한 방법들로는 열전쌍, 압전현상, 전자기유도, 연료전지, 태양광전지 등이 있다. 열전 온도계에 사용되는 열전쌍은 두 금속의 온도차를 이용한 것이고, 가속도 센서, 점화기 등에 이용되는 압전현상은 강한 압력을 줘서 전류를 발생시킨다. 태양광전지는 빛에너지가 반도체에 닿았을 때 전기가 발생하는 원리를 이용한 것이다. 그럼 이제부터 다양한 전기와 실용적 사례를 들여다보기로 하자.

열전쌍

서로 다른 두 종류의 금속 도선을 맞붙이고 양 끝에 온도 차이를 주면 도선에 전류가 흐른다. 이러한 전류를 열전류라 하고 이러한 장치를 열전쌍(thermocouple)이라 부른다. 온도 차이로 전기를 발생시키는 원리를 제백효과라고도 하는데, 금속의 종류와 접점의 온도 차이에 따라 전류의 크기가 다르게 나타난다. 열기전력은 두 금속의 종류에 따라 다른 값을 가진다. 같은 한 쌍의 금속에 대해서는 양 끝의 온도차가 크면 클수록 발생하는 기전력도 크다.

열전쌍은 비교적 정밀하고 값싸게 만들 수 있으며 크기가 작지만 작동 범위가 넓다. 또 반응 시간이 짧다는 장점 때문에 널리 쓰인다. 양

▲ 제백효과를 통해 전류가 흐른다는 것을 보여주는 실험 장면

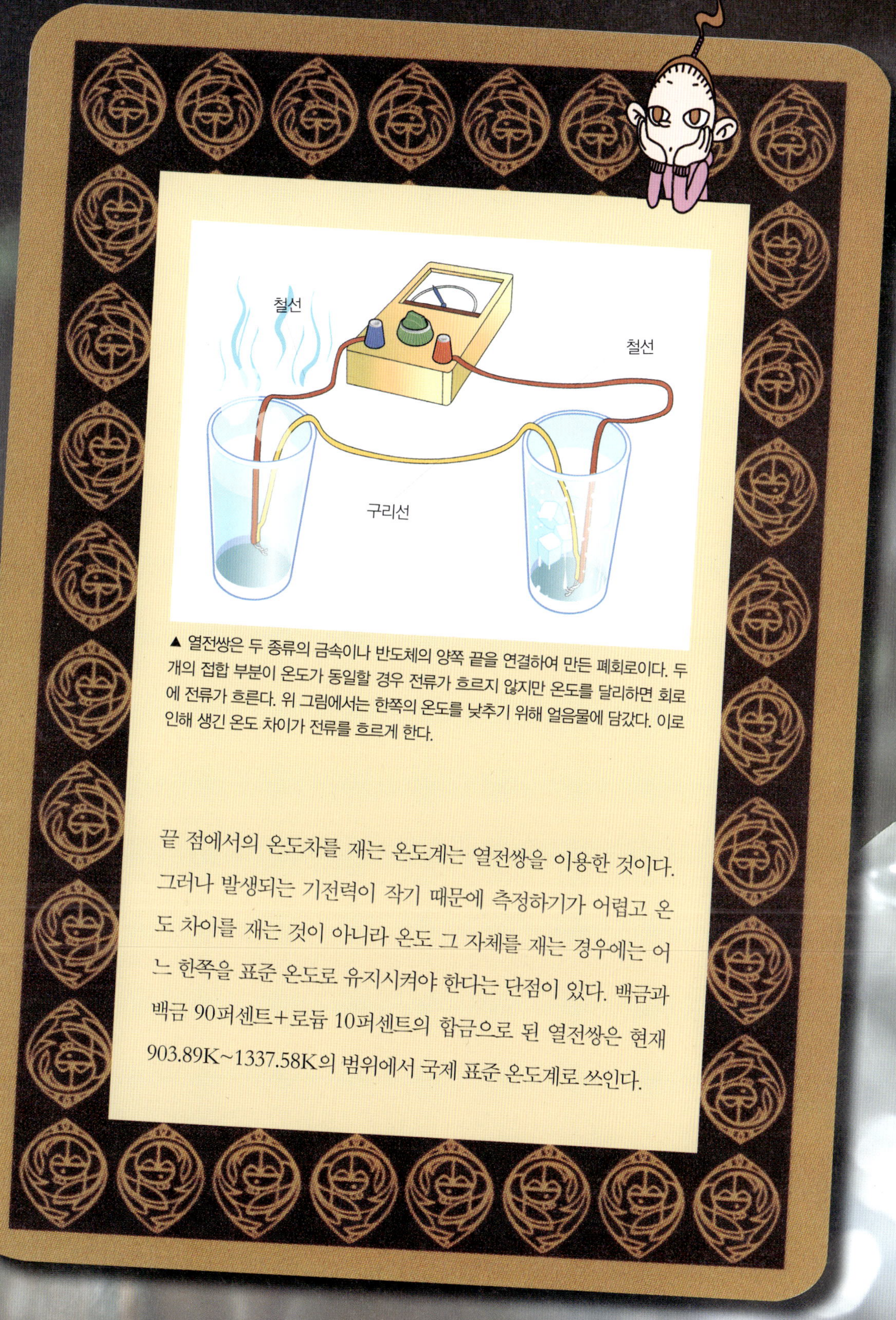

▲ 열전쌍은 두 종류의 금속이나 반도체의 양쪽 끝을 연결하여 만든 폐회로이다. 두 개의 접합 부분이 온도가 동일할 경우 전류가 흐르지 않지만 온도를 달리하면 회로에 전류가 흐른다. 위 그림에서는 한쪽의 온도를 낮추기 위해 얼음물에 담갔다. 이로 인해 생긴 온도 차이가 전류를 흐르게 한다.

끝 점에서의 온도차를 재는 온도계는 열전쌍을 이용한 것이다. 그러나 발생되는 기전력이 작기 때문에 측정하기가 어렵고 온도 차이를 재는 것이 아니라 온도 그 자체를 재는 경우에는 어느 한쪽을 표준 온도로 유지시켜야 한다는 단점이 있다. 백금과 백금 90퍼센트＋로듐 10퍼센트의 합금으로 된 열전쌍은 현재 903.89K～1337.58K의 범위에서 국제 표준 온도계로 쓰인다.

압전현상

어떤 물체를 눌러 압력을 가하면 전류가 발생하거나, 전류를 줄 때 물체가 줄어드는 현상이 생긴다. 옛날 라이터는 부싯돌과 같은 물체를 넣어 손으로 힘껏 돌려 불꽃을 일으켰으나, 요즈음은 순간적으로 강한 압력을 줬을 때 전류가 발생하여 방전이 일어나는 현상을 이용한다. 또 가스레인지의 불을 붙이는 점화도구에도 압전현상을 이용한다. 자동차에 사용하는 내비게이션이나 블랙박스 안에 들어 있는 가속도센서도 압전현상을 이용한 것이다. 이것은 물체가 진동하면서 압력을 가할 때 전류를 발생시키는 현상을 이용하여 물체의 움직임을 알아낸다.

▲ 압전현상을 이용하는 가속도 센서(왼쪽)와 불꽃 점화기(오른쪽)

연료전지

전기에너지를 주어 물을 산소와 수소로 분리시키는 반대 과정으로, 산소와 수소가 결합하여 생기는 화학에너지를 전기에너지로 바꾸는 장치를 연료전지라고 한다. 수소가 산소를 만나 타면서 열에너지를 발생시키는 현상에서 연료를 태워 발전을 한다는 뜻의 '연료'전지라는 이름이 붙었다.

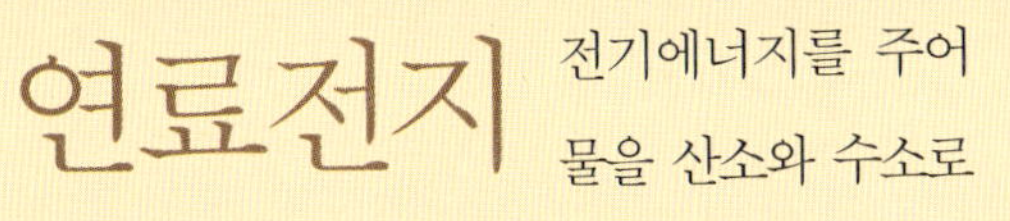

◀ 연료전지는 수소와 산소의 화학반응으로 생기는 에너지를 전기에너지로 바꾼다. 연료전지는 노트북의 배터리 대신 사용할 수 있으며 소형 전자장비의 전원으로 사용한다. 요즈음은 자동차의 내연기관 대신 연료전지를 동력장치로 이용한다.

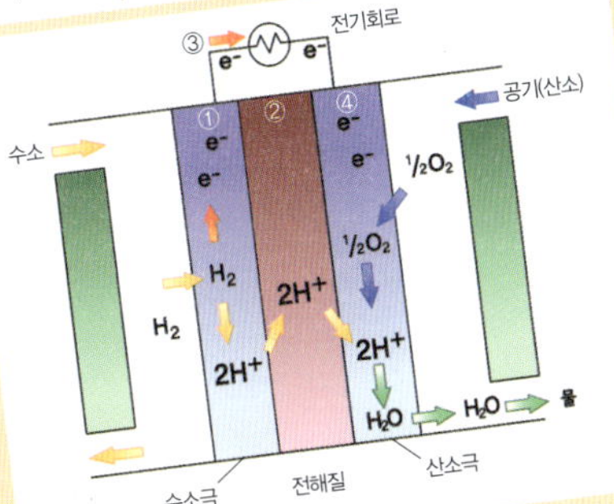

◀ 연료전지 전류 발생 원리
① 수소극에서는 수소가 수소 이온과 전자로 분리된다.
② 수소 이온은 전해질을 거쳐 산소극으로 이동한다.
③ 전자는 외부회로를 거치면서 전류로 흐른다.
④ 산소극에서는 수소 이온과 전자, 산소가 결합해서 물이 만들어진다.

전자기유도

전자기유도를 이용하면 전기를 발생시킬 수 있다. 도체 코일이 여러 겹 감긴 안으로 자석을 빨리 움직여 주면 회로에 전류가 흐른다.

▲ 전자기유도를 이용한 대관령의 풍력발전기

▲ 풍력 발전기의 얼개

▲ 풍력발전기의 작동 원리
• 손잡이를 돌리면 자석 안에 있는 고리가 같이 회전한다.
• 자기장의 방향은 N극에서 S극을 향한다.
• 고리의 운동 방향이 N극에서 S극을 향하면 전자기 유도 현상으로 전류가 흐른다.

태양광 전지

태양광 발전은 반도체로 만들어진 태양전지에 빛에너지(광자)가 투입되면 전자의 이동이 일어나서 전류가 흐르고 전기가 발생하는 원리를 이용한다. 태양전지는 하나의 크기가 대략 $10 \times 10\text{cm}^2$로 빛을 받으면 0.6볼트 정도의 전압이 생기고, 최대 1.5와트의 용량을 갖게 된다. 전류의 세기는 태양전지의 크기에 따라 달라진다. 태양전지는 다양한 물질로 만들 수 있지만, 가장 널리 쓰이는 태양전지는 규소로 이루어져 있다. 규소는 순수한 상태에서 극히 소량의 다른 원자들이 섞여 들어가면 전기적으로 다른 원소에서 볼 수 없는 현상이 일어나는데, 이 현상을 응용하는 것이 바로 반도체와 태양전지이다.

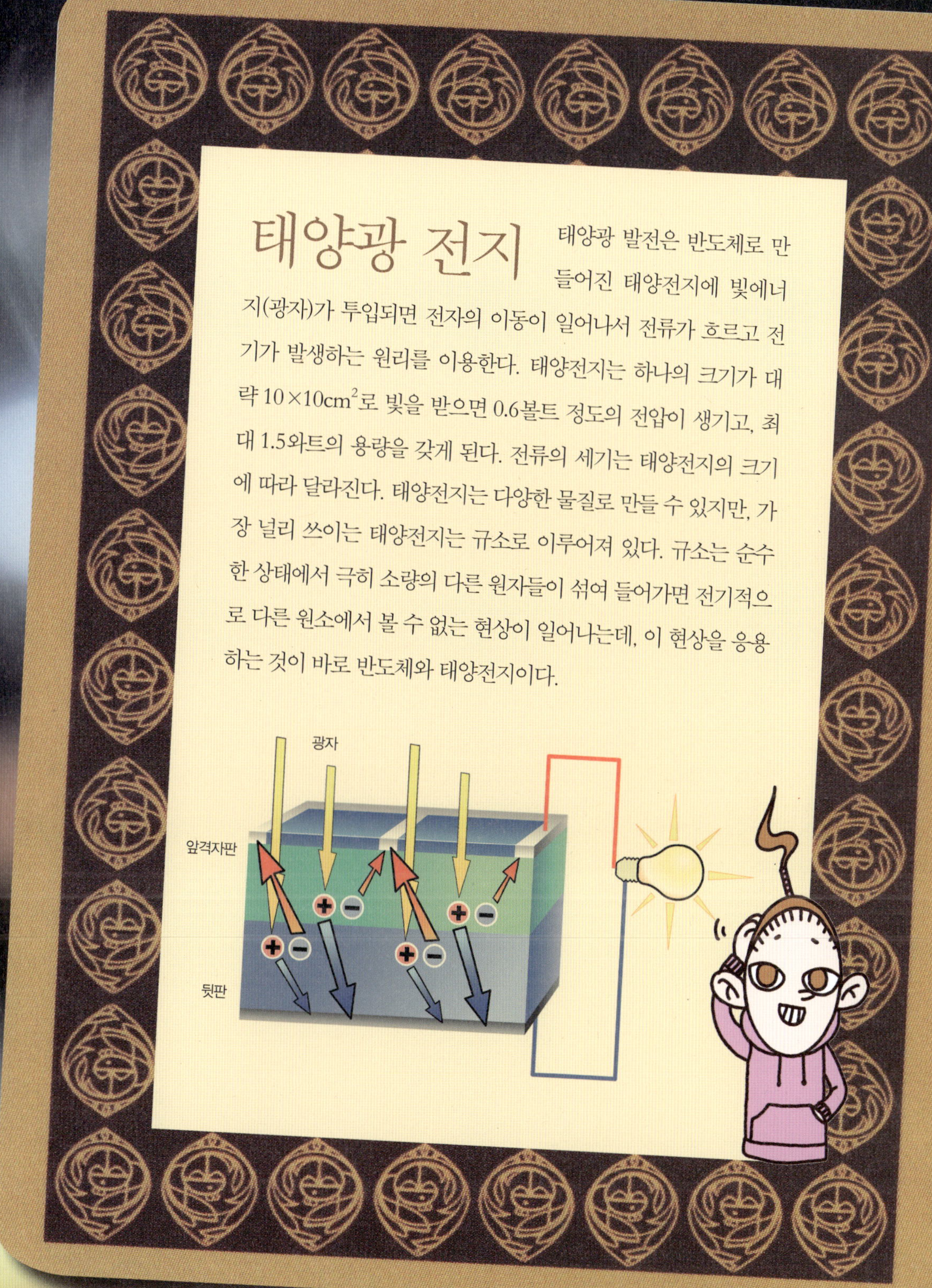

화학반응으로 전기를 만들 수 있다!

전기 발명의 역사에서 가장 획기적인 사건은 알레산드로 볼타가 마찰을 통해서가 아니라 화학반응을 통해서 전기를 발생시킬 수 있다는 것을 발견한 것이다. 마찰전기를 통해 모을 수 있는 전기는 폭넓게 사용되기엔 그 양이 무척 적었지만, 두 개의 금속과 용액의 화학반응으로 만들 수 있는 전기는 훨씬 안정적이었고 양도 많았다.

알렉산드로 볼타(1745~1827)

볼타가 전지를 만들기 전에는 갈바니의 '동물전기' 이론이 폭넓게 받아들여지고 있었다. 동물근육은 동물전기를 지니고 있기 때문에 금속으로 건드리면 동물전기가 작용한다는 이론이었다. 갈바니의 이론에 의심을 품었던 볼타는 어느 날 이상한 사실을 발견했다. 다른 종류의 금속을 대면 개구리 다리가 전혀 움직이지 않는다는 사실을 발견했던 것이다. 볼타는 이 실험에 기초해 동물전기가 아니라 서로 다른 금속 때문에 전류가 생긴 것이라고 생각했다. 이 아이디어는 곧 볼타전지를 탄생시켰다.

볼타전지와 나폴레옹

볼타는 1801년, 나폴레옹이 참석한 프랑스학술원에서 공개시범을 통해 전기를 성공적으로 발생시킨 것으로 유명하다. 당시 프랑스 정치인들은 새로운 아이디어나 발명을 지원하는 데 관심이 컸기 때문에, 나폴레옹은 직접 볼타를 프랑스학술원으로 초청했다고 한다. 볼타의 공개시범에 만족했던 나폴레옹은 볼타에게 백작 작위를 수여했다.

볼타전지의 원리

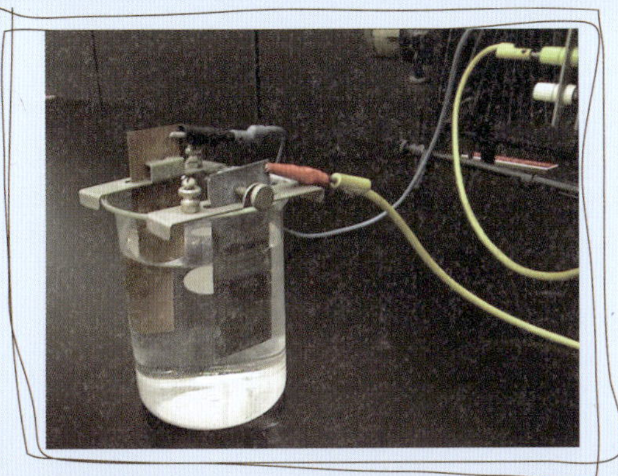

볼타전지에서 전류가 흐르는 이유는 두 금속과 용액 사이에 화학반응이 일어나기 때문이다. 오늘날에도 간단하게 볼타전지를 만들 수 있는데, 구리판과 아연판을 황산 용액에 담근 다음 전선을 연결하면 된다. 그러면 황산 이온이 아연과 결합하면서 전자를 내놓고, 전자들은 전선을 통해 (−)극에서 (+)극으로 흐른다. 이렇게 두 가지 다른 금속을 전해질 속에 넣으면 볼타전지가 만들어진다.

"여러분도 아연과 구리,
소금물만 있으면
전지를 만들 수 있어요."

최초의 전지, 볼타전지

볼타는 1791년, 구리와 아연 사이에
소금물을 머금은 종이를 끼워 넣어 전류를 흐르게 했다.
그리고 이것을 더욱 발전시켜, 1799년 볼타는 아연−소금물에
적신 종이−구리−아연−소금물에 적신 종이−구리 식으로 원판을
층층이 쌓아 올린 볼타전지를 만들었다. 전선을 전지의 양쪽 끝에
연결시키자 전류가 흘렀다. 쌓아올린 원판이 많아질수록
전류의 양도 증가했다. 볼타전지는
세계 최초의 전지이다.

전기 타임캡슐

ⓒ 이응신, 현종오 2009

1판 1쇄 | 2010년 9월 27일
1판 3쇄 | 2019년 5월 9일

지 은 이 | 이응신, 현종오
펴 낸 이 | 김정순
책임편집 | 허영수, 김효근
디 자 인 | 노상용, design 樂
스 토 리 | 오승희
일러스트 | 김범기, 장호찬, 최영진
사　　진 | 박우진, 키메라스튜디오
모　　델 | 김민석, 김현아
마 케 팅 | 김보미, 임정진, 전선경

펴 낸 곳 | (주)북하우스
출판등록 | 1997년 9월 23일 제 406-2003-055호
주　　소 | 04043 서울시 마포구 양화로 16-9 (서교동 북앤빌딩)
전　　화 | 02-3144-3123
팩　　스 | 02-3144-3121
전자우편 | henamu@hotmail.com

ISBN 978-89-5605-463-6 03400
　　　978-89-5605-250-2(세트)

이 도서의 국립중앙도서관 출판시도서목록(CIP)은 e-CIP 홈페이지(http://www.nl.go.kr/cip.php)에서 이용하실 수 있습니다.
(CIP 제어번호 : CIP 2010003267)